MANUEL

DE

L'ÉLAGUEUR.

Imprimerie de Mme. Huzard (née Vallat la Chapelle),
Rue de l'Éperon, n°. 7.

MANUEL

DE

L'ELAGUEUR,

OU

DE LA CONDUITE

DES ARBRES FORESTIERS;

Par M. HOTTON,

ENTREPRENEUR DE TRAVAUX FORESTIERS.

Ouvrage utile aux Propriétaires, aux Régisseurs de Biens, aux Agens forestiers et aux Personnes qui se destinent à la profession d'Élagueur.

PARIS,

Mme. HUZARD (née VALLAT LA CHAPELLE), LIBRAIRE,
RUE DE L'ÉPERON, N°. 7.

1829.

AVERTISSEMENT.

Si, par le titre de cet ouvrage, nous annonçons le *Manuel de l'Élagueur* comme utile aux propriétaires de forêts, nous osons ajouter ici qu'il est également utile à tous les propriétaires en général; car il n'est personne qui, n'ayant qu'un jardin, qu'une cour, ne possède quelques arbres. Eh! quel est le propriétaire qui, ne possédant même qu'un seul arbre, ne s'applaudira d'avoir ce livre, si, par les conseils qu'il y a puisés, il a pu sauver cet arbre des mains dévastatrices des impitoyables élagueurs?

Nous le répétons donc, le *Manuel de l'Élagueur* est non seulement utile aux grands et aux petits propriétaires ruraux, mais il l'est encore aux personnes qui possèdent quelques jardins au milieu des villes.

Déjà les abus que nous avons signalés dans les environs de Paris, et dans Paris même, ont été en partie réprimés. Nous parlerons particulièrement des plantations les plus notables, telles que celles du bois de Boulogne, des canaux de l'Ourcq et de Saint-Denis, dont nous avons dirigé les travaux à diverses époques.

Mais en annonçant le *Manuel de l'Élagueur* comme utile aux propriétaires, nous ne prétendons pas qu'ils doivent pour cela étudier la manière d'élaguer les arbres, nous disons seulement que ce qu'ils puiseront dans ce livre suffira pour les mettre en garde contre les élagueurs inhabiles, et par cela seul ils préserveront leurs arbres du plus grand des fléaux.

INTRODUCTION.

Les livres sur la taille des arbres fruitiers, déjà nombreux, se multiplient encore tous les jours, et je prends plaisir à rendre hommage aux hommes courageux qui consacrent leurs loisirs à répandre des lumières sur cet art intéressant et utile. La culture des fleurs a de nombreux partisans, et je partage bien sincèrement cet innocent et agréable plaisir.

Mais comment se peut-il que les grands arbres forestiers soient, en quelque sorte, restés seuls dans l'oubli ? Quoi ! la tulipe, cette fleur d'un jour, a son livre, tandis que le chêne, ce roi des végétaux, ce roi de nos forêts, est ignoré, ou, si l'on se souvient qu'il existe, c'est pour porter aussitôt le fer destructeur au pied de son tronc majestueux !

Je me trompe lorsque je dis que les grands arbres forestiers sont restés dans l'oubli, plût à Dieu qu'ils fussent oubliés de la plupart des élagueurs, autant qu'ils le sont dans les livres ! nous ne verrions pas, lorsque nous parcourons les plantations et les grandes routes, ces tableaux affligeans, résultat effrayant de leurs opérations barbares.

Le préjugé s'oppose à l'élagage, et surtout à l'élagage du chêne, sous prétexte que les plaies que cette opération occasione à cette espèce d'arbre se cicatrisent difficilement; mais nous ne manquons pas de moyens pour le combattre.

Si, comme nous le démontrons dans ce mémoire, on reconnaît beaucoup de mérite dans le bois des arbres têtards, malgré qu'on les mutile tous les cinq à six ans, en les couvrant totalement de plaies par la coupe de toutes leurs branches; si, dis-je, on reconnaît que leur bois est plein, liant, dur et rustique (comme l'a remarqué Duhamel), et qu'il est préféré dans le charronnage pour en faire des moyeux et des jantes; si enfin l'ébéniste recherche le bois des têtards pour la fabrication des meubles de prix, que doit-on craindre de l'élagage relativement aux défauts, aux vices, aux solutions de continuité qu'il peut occasioner à l'arbre? Eh! quoi, l'on nous dit qu'il faut éviter de couper des branches à un arbre dans la crainte de lui occasioner des plaies, des défauts, et les artisans et les artistes recherchent, pour la solidité de leurs constructions et la beauté des objets qu'ils fabriquent, le bois qui provient des arbres mutilés!... Comment accorder ces choses?...

Si je me range du côté des botanistes et des physiologistes contre les élagueurs ignorans, c'est parce que ces ouvriers nuisent par leurs opérations à la croissance des arbres, qu'ils les rendent difformes et languissans, plutôt que parce qu'ils les chargent de plaies; car, comme on le verra dans ce mémoire et par l'expérience, ces plaies n'occasionent jamais de défaut à un arbre lorsqu'on ne coupe pas de trop grosses branches.

Je ne ferai point ici l'énumération des nombreux avantages que les grands arbres forestiers procurent à la société, il faudrait écrire des volumes; d'ailleurs tout le monde est à même de les apprécier.

L'élagage des arbres forestiers, de même que la taille des arbres à fruits, offre des difficultés qu'on ne peut surmonter que par une longue expérience. Si, malgré les nombreuses théories qu'on a données sur la taille des arbres à fruits, on voit encore aussi peu de jardiniers atteindre le but désiré, on sent combien l'élagage des grands arbres forestiers doit être négligé, puisque l'on a si peu fait pour cette partie importante de l'agriculture.

« La partie de l'agriculture qui
» concerne les forêts (dit Duha-
» mel) forme une science très-
» étendue ; elle a été jusqu'à pré-
» sent abandonnée aux soins d'ou-
» vriers mercenaires, qui ne sont
» presqu'uniquement occupés qu'à
» tirer un profit considérable de
» leurs entreprises. Ces espèces de
» jardiniers que l'on nomme plan-
» teurs, guidés par une routine
» grossière qui leur tient lieu de
» science, n'ont jamais contracté
» l'habitude de réfléchir sur les
» principes de leur art : leur in-
» térêt est le seul objet qui fixe leur

» attention; c'est l'unique but et le
» seul mobile de leur industrie.

» Le retranchement des grosses
» branches, dit ailleurs Duhamel,
» diminue la valeur des arbres; et
» pour cette raison il faut éviter
» de le faire autant qu'il est pos-
» sible. Mais comme les menues
» branches peuvent être coupées
» sans endommager les arbres, il
» faut se hâter de retrancher celles
» qui sont mal placées avant qu'elles
» aient pris de la grosseur. C'est le
» seul moyen d'entretenir de belles
» avenues, de former de bons arbres
» de service, et d'éviter les plaies
» intérieures, qui leur font un tort
» considérable lorsque le temps de
» les exploiter est venu.

» Quand je dis que le retran-

» chement des menues branches
» ne fait aucun tort aux arbres,
» j'étends cette proposition à toutes
» les espèces d'ormes, de chênes,
» de pins, de frênes, de châtai-
» gniers, etc., et je suppose qu'on
» aura l'attention de couper pro-
» prement ces branches tout près
» du tronc, afin que la plaie se re-
» couvre plus promptement.

» Comme dans le temps de l'ex-
» ploitation les branches ne sont
» pas aussi précieuses que le tronc,
» on peut, à l'égard de la cime des
» arbres, se proposer pour unique
» but de lui procurer une belle
» forme : ainsi il ne faut pas ba-
» lancer à abattre les grosses bran-
» ches qui seront mal placées; on
» pourra même, pour remplir les

» vides, couper certaines branches
» à la moitié de leur longueur, et
» laisser des chicots et des moi-
» gnons, qui produiront beau-
» coup de brindilles et garniront
» en peu de temps les vides qui se
» rencontrent vers la tête des ar-
» bres, etc.

» Plusieurs espèces d'arbres
» poussent quantité de jets le long
» des grosses branches et de leur
» tronc. On est dans l'usage de les
» couper tous les trois ou quatre
» ans, à fleur de la tige, et on en
» fait des bourrées. Cet élagage est
» utile aux arbres, parce que la
» sève s'arrêtant dans ces jeunes
» branches, celles de la tête en
» souffrent, etc. »

A tout ce que je viens de citer

de Duhamel en faveur de l'élagage, j'ajouterai ce qu'ont dit plusieurs autres savans.

« Il faut, dit Miller, élaguer les » pins de deux ans en deux ans. »

Varennes de Fenille a dit : «Un » élagage raisonnable, lorsqu'il » n'est pas trop souvent réitéré, » loin de nuire à un arbre, favo- » rise sa croissance et force sa tige » à s'élancer. »

S. A. Monseigneur le Prince de Ligne, prince du St.-Empire, etc., grand propriétaire de forêts en Belgique, et qui prend plaisir à propager la méthode d'élagage pratiquée dans ses belles propriétés, a daigné me remettre un certificat que je transcris ici.

«Nous, Eugène Lamorald, Prin-

» ce de Ligne, etc., ayant vu un avis
» adressé à MM. les propriétaires,
» relatif à la conduite des forêts et
» souscrit par M. Hotton, certifions
» que c'est à la méthode dont il y
» est fait mention que nous devons
» l'état prospère de nos forêts en
» Belgique et ailleurs, et que, sous
» tous les rapports, cette méthode
» doit être regardée comme la
» meilleure, et dont l'exécution
» mérite une protection particu-
» lière.

» *Signé* le PRINCE DE LIGNE. »

Les forêts du Prince de Ligne, situées en Belgique et ailleurs, sont, en majeure partie, composées de futaie sur taillis. Pour la conduite des arbres de ces forêts et des routes considérables bordées d'arbres dont elles sont percées, le Prince tient constamment à son service une brigade de quinze à vingt élagueurs de profession.

Ces élagueurs entendent parfaitement l'art théorique et pratique, et le résultat de leurs opérations le prouve encore mieux que tous les éloges qu'on en pourrait faire. A l'aide de crochets fixés à leurs pieds, ils grimpent avec une vitesse étonnante jusqu'à la cime des plus grands arbres, sans en excepter le hêtre, dont l'écorce est sèche et très-dure, et coupent avec beaucoup d'adresse, soit de la main droite, soit de la main gauche, les branches superflues.

Qu'il me soit permis de payer ici un tribut d'éloges à ces ouvriers intéressans et utiles, et d'en adresser en particulier à M. Martin Picron, leur brigadier, qui se distingue également par ses connaissances et par l'amour qu'il a pour son état.

Puisse ce Mémoire encourager ceux qui se destinent à la profession d'élagueur, et les inviter à prendre pour modèles les beaux chênes et les beaux hêtres que nous devons aux soins de leurs prédécesseurs !

Que ne puis-je donner à la Société royale et centrale d'agriculture (1) une idée des arbres su-

---

(1) En 1826, j'eus l'honneur de présenter à la Société royale et centrale d'agriculture une Notice sur l'élagage, et cette illustre Société voulut bien m'encourager.

perbes du bois de la Haie et des routes de Ligne à Belœil et de la Croix-Saint-Philippe, ainsi que ceux du quinconce de Baudour, quinconce admirable, quoique planté sur un sol pierreux! On verrait alors ce que peut l'élagage bien entendu!

Que ne puis-je aussi, dans une peinture fidèle, donner à cette réunion savante une idée des magnifiques berceaux (1) qui font l'ornement des jardins de Belœil, jardins à jamais célèbres, dignes à

---

(1) J'entends ici par berceaux les routes et les allées couvertes qui sont formées par de grands arbres dont le tronc nu a plus de soixante-dix pieds d'élévation, et non des berceaux formés par des charmilles.

la fois de l'artiste (1) qui en a conçu le plan, et du prince (2) qui en a commandé l'exécution ; jardins rendus plus célèbres encore et par le prince (3) qui les a fait embellir depuis, et par le poëte (4) qui les a chantés !

La même méthode d'élagage est également pratiquée dans les forêts de S. A. S. le duc d'Aremberg, qui possède aussi des bois immenses en Belgique.

---

(1) Le Nostre, célèbre architecte français. Belœil a aussi son jardin paysager.

(2) Le prince Claude de Ligne.

(3) Le maréchal prince de Ligne, aïeul du prince actuel.

(4) « Belœil, tout à la fois magnifique et champêtre. »
(Delille.)

L'élagage a opéré les merveilleux effets que je viens de signaler, et il en produira de non moins surprenans toutes les fois qu'il sera exécuté d'après les vrais principes de l'art, principes avoués par la saine raison aussi bien que par l'expérience, et dont l'efficacité se trouvera toujours confirmée par les plus heureux résultats.

Mais peut-on appeler élagage cet ébranchement barbare et sans pitié que l'on pratique sur les arbres des avenues, des parcs, des forêts, et sur ceux qui bordent les grandes routes ? Parmi ces derniers, surtout, vous ne voyez que des tiges mortes ou languissantes; et les troncs, sillonnés de gouttières occasionées par le fer, ressemblent en quelque sorte à des squelettes décharnés.

Je citerai encore ici, à l'appui de ma méthode d'élagage, et en même temps pour confirmer les abus que je viens de signaler, ce qui se trouve consigné page 139 du *Bulletin universel,* section des sciences agricoles et économiques, février 1828 : « La partie la plus
» importante de ce Mémoire, dit
» M. Michaux (en parlant d'un
» mémoire sur les plantations),
» est celle qui a rapport à l'élaga-
» ge, si bien exécuté dans la Flan-
» dre et dans la Hollande, et qui,
» au contraire, a été jusqu'à pré-
» sent pratiqué d'une manière si
» peu rationnelle dans les départe-
» mens du centre de la France, et

» surtout aux environs de Paris.

» M. Dandré, intendant des Do-
» maines de la couronne, bien con-
» vaincu de l'avantage de cette
» bonne manière d'élaguer les ar-
» bres d'alignement, a fait venir
» tout exprès de la Flandre un éla-
» gueur, qui l'a pratiquée au bois
» de Boulogne, et notamment sur
» les arbres qui bornent l'avenue
» de Passy à Boulogne. »

Dans le Mémoire mentionné ci plus haut, dont M. Michaux a rendu compte dans le *Bulletin universel*, l'auteur s'exprime ainsi en parlant de la culture des arbres:
« L'élagage est la partie de la cul-
» ture des arbres la plus négligée
» en France. Les Hollandais, les
» Brabançons, les Flamands sont

» ceux qui ont le plus consulté la
» nature; à cet égard, nous pou-
» vons les prendre pour modèles.
» Je crois, continue l'auteur, ne
» pouvoir mieux faire que d'expo-
» ser ici les procédés que j'ai étu-
» diés chez eux. Je serais bien heu-
» reux si la méthode que je pré-
» sente pouvait dégoûter mes com-
» patriotes des mutilations qu'ils
» exercent dans leurs plantations. »

Le mémoire dont je viens de parler a obtenu une médaille à la Société d'agriculture du département du Nord.

Je crois devoir reproduire ici, au sujet des arbres qui bordent les grandes routes, ce que j'en ai déjà dit dans une Notice sur la construction et l'entretien des chemins communaux ; Notice que j'ai eu l'honneur de présenter à la Société royale et centrale d'agriculture, le 4 janvier 1827.

« Si l'on n'a pas soin d'élaguer les branches latérales des arbres qui bordent les grandes routes, ces branches mettent obstacle à la circulation de l'air, interceptent les rayons du soleil et conservent beaucoup d'humidité. Les routes, après un temps pluvieux, se dessèchent plus difficilement, se détériorent plus tôt, et leur entretien devient par conséquent plus dispendieux. Tout ce que nous venons de dire des grandes routes a également lieu pour les chemins communaux, etc.

» Il reste maintenant à examiner

s'il est utile ou non de planter des arbres sur les bords des chemins. Nous remarquerons d'abord que l'existence de ces arbres n'est nullement nécessaire à la construction des chemins; car, si, d'une part, leurs branches et leurs feuilles garantissent les chemins d'une partie des eaux qui tombent du ciel, de l'autre, elles interceptent jusqu'à un certain point les rayons du soleil, et entretiennent ainsi l'humidité. Mais, considérés sous d'autres rapports, ces arbres produisent réellement de grands avantages, pourvu toutefois qu'on ait soin d'élaguer du tronc les branches latérales : en effet, non seulement ils forment une partie considérable de la richesse d'un pays, mais encore ils rendent, surtout pendant l'été ; les routes plus belles, plus riantes et plus commodes ; le voyageur redoute moins les ardeurs du soleil, les chevaux se fatiguent moins à l'ombre, et sont en état d'aller plus vite et de porter des fardeaux plus lourds. A toutes ces considérations, nous pouvons en ajouter une autre qui n'est pas moins importante, c'est que, dans les contrées où, pendant l'hiver, la terre demeure un certain temps couverte de neige, le voyageur qui se trouve durant la nuit sur un chemin bordé d'arbres a toujours devant lui un guide sûr, et n'est point exposé à s'égarer ni à droite ni à gauche dans des lieux qui ne sont pas sans danger. »

Revenons à notre sujet et ne craignons pas d'avancer que l'élagage doit être considéré comme une opération indispensable; j'ose donc me persuader que les principes contenus dans cet opuscule sont de nature à fixer l'attention des agronomes et des propriétaires.

MANUEL DE L'ÉLAGUEUR,

ou

DE LA CONDUITE DES ARBRES FORESTIERS.

PREMIÈRE PARTIE.

DES ARBRES, DE LEUR STRUCTURE NATURELLE ET ARTIFICIELLE, DE LA NATURE DES TERRAINS, DU BUT DE L'ÉLAGAGE ET DE QUELQUES RÈGLES GÉNÉRALES SUR CET ART.

Il est de la plus grande importance qu'un élagueur connaisse bien la structure des arbres. Il conviendrait même qu'il fût instruit sur la physiologie végétale; mais comme cette partie est une des plus profondes et des plus étendues de la botanique, et que les bornes de cet ouvrage ne nous permettent pas de nous étendre sur les principes de cette vaste science, nous nous contenterons de présenter ici quelques-uns de ces principes qui ont le plus de rapport avec l'élagage, et d'engager beaucoup les élagueurs à bien méditer sur la principale partie de leur art.

Il n'est pas moins important qu'un élagueur soit aussi bien pénétré du but de l'élagage et des résultats de cette opération. Malheureusement il en est des élagueurs comme des jardiniers.

On sait que la plupart des jardiniers, c'est-à-dire ceux qui s'appellent jardiniers pour avoir manié la serpette pendant quelques années, quelques mois même; on sait, dis-je, que ces hommes s'imaginent tout savoir, parce qu'ils ont coupé machinalement quelques branches à de pauvres arbres qu'ils ont impitoyablement mutilés. Pour eux, les principes que des savans physiologistes ont donnés sur cette belle science sont regardés comme des contes imaginés à plaisir, et souvent ils se moquent des personnes qui ont la complaisance de leur signaler ces principes comme étant la vraie base de l'art qu'ils professent.

Qu'il me soit permis de reproduire ici ce qu'a dit à ce sujet un savant, un homme de bien, dans un discours prononcé à la Société linnéenne de Paris, le 28 décembre 1826 : « Et vous, jardi-
» niers cultivateurs, pour qui ces vé-
» rités restent encore inaperçues, par
» qui même je les ai vues plus d'une
» fois repoussées, relevez enfin un peu
» la tête et regardez plus haut que la
» glèbe sur laquelle vous restez obsti-
» nément courbés. Certes, je ne de-
» mande pas que vous deveniez des
» physiciens, des philosophes, que
» vous quittiez l'arrosoir pour l'alam-
» bic, la serpette pour le scalpel, et
» vos serres pour les musées. Je vous
» supplie seulement, par le droit que

» me donnent et ma propre expérience
» et la confraternité de nos travaux,
» de ne pas vous refuser à la lumi-
» neuse évidence, aux perfectionne-
» mens utiles que le raisonnement seul
» justifierait, si d'ingénieux essais n'a-
» vaient pris soin de les préconiser. »
Puisse cette utile leçon produire tout
l'effet désiré !

De la Structure naturelle des arbres.

Les arbres sont formés de racines,
de tiges ou troncs, et de branches.

La partie principale de l'arbre est la
tige ou tronc.

Il se divise en plusieurs parties par
le bas et par le haut.

Le bas est composé de racines qui
s'étendent dans la terre.

Les Racines.

Les racines sont pivotantes lorsqu'elles s'enfoncent perpendiculairement ; elles sont horizontales quand elles s'étendent à la surface du sol.

Les Branches.

Le haut du tronc est composé de branches qui se divisent et se subdivisent en rameaux et en bourgeons, qui se chargent de boutons, de feuilles, de fleurs et de fruits.

Le Tronc.

Le tronc des arbres est *simple* lorsqu'il ne se divise point ; il est *rameux* lorsqu'il produit des jets latéraux ; *fourchu* ou *bifurqué*, quand il se divise en deux ; *effilé*, lorsqu'il est long et mince ; *droit*, *vertical* ou *perpendiculaire*, lorsqu'il s'élève perpendiculairement au sol; *oblique*, lorsqu'il fait un angle avec le sol; *genouillé*, quand il fait un angle ou coude; *cylindrique*, quand il est rond; *comprimé*, quand il est aplati; *gladié*, quand, étant comprimé, ses angles sont tranchans; *nu*, lorsqu'il n'y a point de jets latéraux ou de branches; *lisse*, quand il est uni; *strié*, quand il offre de petites côtes ou des lignes longitudinales enfoncées; *tuberculeux*, quand il porte des saillies grosses et arrondies; *raboteux*, lorsqu'il est chargé d'aspérités qui, le plus souvent, sont occasionées par la coupe des jets latéraux; *chancreux*, quand il offre de larges plaies généralement occasionées par un élagage mal entendu et mal exécuté, etc.

Branches quant à leur direction.

Les branches des arbres sont *droites* ou *érigées* quand elles forment avec la tige des angles très-aigus; *pyramidales*, lorsque, étant érigées, leur ensemble se termine en pointe; *nivelées*, lorsque, étant érigées, leur ensemble est à la même hauteur; *divergentes*, quand elles s'écartent de la tige; *courbées*, quand elles sont arquées en dehors; *pendantes*, quand elles retombent presque perpendiculairement.

Branches quant à leur insertion.

Les branches sont *géminées* lorsqu'elles sont rapprochées et à la même hauteur sur un des côtés de la tige; *opposées*, quand elles sont à la même hauteur de chaque côté de la tige; *croisées*, quand les paires opposées se coupent à angles droits; *spirales*, lorsque chaque paire se coupe sous un angle très-aigu; *verticillées*, quand plusieurs sortent à la même hauteur et tout autour de la tige; *ternées* ou *qua-*

ternées, quand le verticille n'est que de trois ou quatre branches ; *éparses*, lorsqu'elles n'offrent aucune disposition particulière sur la tige ; *alternes*, quand elles sont placées alternativement ou l'une après l'autre sur chaque côté de la tige.

Division de la hauteur de l'arbre.

Dans certaines circonstances, nous désignerons aussi diverses parties de l'arbre sous le nom de *tronc nu*, de *tige branchue*, et de *jet terminal*.

Le *tronc nu* est la partie de l'arbre qui est entre la terre et la première branche ; la *tige branchue* est la partie entre le tronc nu et le jet terminal ; enfin le *jet terminal* est la partie entre le dernier jet latéral de la tige branchue et l'extrémité supérieure de l'arbre. Ainsi, quand nous dirons que le tronc nu a huit pieds d'élévation, on comprendra que la partie entre la première branche et la terre aura huit pieds d'étendue; quand nous dirons que la tige branchue a dix pieds, on comprendra que la partie entre la première et la dernière branche aura dix pieds d'étendue; enfin quand nous dirons que le jet terminal a deux pieds, on devra comprendre que la partie entre la dernière branche et l'extrémité supérieure de l'arbre aura deux pieds. D'après cette division, un arbre qui réunira ces diverses étendues aura vingt pieds d'élévation totale.

De la nature du terrain.

Le tronc des arbres s'élève plus ou moins haut et plus ou moins droit, suivant les espèces, la nature du terrain et la situation des lieux. Dans les plantations dont le terrain est bon et où les arbres sont assez rapprochés, le chêne, le frêne, l'orme, le hêtre, le tilleul, le peuplier, élèvent leurs tiges nues à cinquante, soixante à quatre-vingts pieds de hauteur, tandis que dans des terrains de mauvaise qualité ces mêmes arbres n'atteignent pas la moitié de cette élévation.

« On appelle les arbres, dit le savant
» Thoüin, les géans du règne végétal,
» et en effet il en est d'une prodigieuse
» hauteur, trois à quatre cents pieds;
» d'une prodigieuse grosseur, douze
» ou quinze pieds de diamètre (1).
» Leur vie se prolonge pendant des
» siècles. On en connaît en Europe qui
» ont peut-être plus de deux mille ans.

» On divise les arbres d'après un
» grand nombre de considérations.

---

(1) Si l'on peut en croire le récit des voyageurs, il se trouve en Sicile un châtaignier appelé l'*arbre aux cent chevaux,* qui a cent soixante pieds de circonférence.

» D'après leur grandeur, les arbres
» se divisent en arbres proprement dits,
» en arbrisseaux et en arbustes, et les
» autres proprement dits en arbres de
» première grandeur, c'est-à-dire qui
» ont plus de cent pieds de haut lors-
» qu'ils sont parvenus à toute leur
» croissance dans le meilleur sol; en
» arbres de seconde grandeur, lors-
» qu'ils sont susceptibles de s'élever
» de cinquante à cent pieds dans les
» mêmes circonstances; enfin de troi-
» sième grandeur, quand même dans
» la situation la plus avantageuse ils
» ne s'accroissent que depuis quinze
» jusqu'à cinquante pieds.

» Je fais mention de la nature du
» terrain, parce que la même espèce
» d'arbre, le chêne pedonculé, par
» exemple, qui est de première gran-
» deur, a souvent peine à arriver à la
» troisième dans les sols arides.

» Relativement à leur nature, on

» divise les arbres en arbres à feuilles
» qui tombent tous les hivers, et en
» arbres toujours verts, c'est-à-dire
» qui conservent leurs feuilles d'une
» année sur l'autre. Ces derniers se
» subdivisent de plus en arbres verts
» proprement dits et en arbres ré-
» sineux.

» Quant à leur genre d'utilité, on
» divise les arbres en arbres fores-
» tiers, en arbres fruitiers et en arbres
» d'agrément.

» J'ai observé que nous possédions en
» France environ quatre-vingts espèces
» différentes d'arbres. De ce nombre
» vingt-quatre sont de la première
» grandeur, quatorze de la seconde et
» quarante-deux de la troisième.

» De tous ces arbres, dix-huit seule-
» ment sont employés à former la base
» des plantations des forêts ; le reste
» ne s'y trouve qu'accidentellement et
» croît isolé. De ces dix-huit, cinq sont

» propres aux terrains humides ; neuf
» forment les plantations des terrains
» secs et pierreux, et quatre seule-
» ment sont employés pour les hautes
» montagnes.

» Ce petit nombre d'arbres est bien
» loin de suffire à la quantité et à la
» variété des terrains qui existent en
» France ; aussi beaucoup de ces ter-
» rains restent-ils incultes, etc.

» On appelle arbres de ligne ceux
» qui, étant de la première ou de la
» seconde grandeur, sont destinés à
» former des avenues, des allées de
» jardin, à border les routes, etc.
» L'orme, le tilleul, le marronnier
» d'Inde, le frêne, le noyer, le syco-
» more, sont presque les seuls arbres
» qu'on emploie à cet effet; mais beau-
» coup d'autres pourraient y servir
» également.

» Les arbres de ligne sont ou aban-

» donnés à eux-mêmes, ou élagués, ou
» taillés en palissade.

» Lorsque les arbres ont repris,
» pour ainsi dire, malgré le cultiva-
» teur, dit toujours M. Thoüin, on ne
» cesse de s'opposer à leur accrois-
» sement en les taillant et encore plus
» en les élaguant sans mesure. Aussi
» combien voyons-nous de beaux ar-
» bres dans nos vergers, le long de
» nos routes ?.... En vérité, quand un
» ennemi caché nous dirigerait dans
» leur conduite, il ne pourrait pas
» nous donner des conseils plus con-
» traires à nos intérêts que ceux que
» notre ignorance, nos préjugés, nos
» habitudes nous suggèrent. »

Qu'il me soit permis de payer ici un tribut de reconnaissance à ce savant distingué pour le bon accueil qu'il m'a fait, pour les connaissances que j'ai acquises de ses intéressantes leçons, et pour les témoignages flatteurs dont il a bien voulu m'honorer.

Si le célèbre Thoüin vient encore confirmer ici ce que j'ai dit sur les abus d'un élagage mal entendu, malheureusement trop répandus dans les environs de Paris et dans Paris même, il y a cependant des exceptions à faire. Je citerai avec plaisir le beau domaine de M. le comte Dubois, situé à Vitry-sur-Seine, où l'on voit des jeunes arbres de la plus grande beauté et de la plus belle espérance. On remarque particulièrement de beaux ormes, de beaux frênes, de beaux peupliers; mais c'est surtout en arbres exotiques que cette belle propriété se distingue : là, croissent, avec une égale rapidité, le noyer noir d'Amérique (*juglans nigra*), le cyprès pyramidal, le cyprès distique (*cupressus disticha*), le ginko biloba, etc. Ce qui doit fixer l'attention des amateurs de belles plantations est un quinconce de peupliers suisses, dont les arbres sont admirables non seulement sous le rapport de leur vigueur, mais encore sous le rapport de leur régularité entre eux et de leur belle structure.

Or, si M. le comte Dubois a obtenu un égal succès dans la culture de ces différentes espèces d'arbres, on doit non seulement l'attribuer à la bonté du sol de son domaine, mais encore aux soins qu'il a donnés à ces mêmes arbres; car, si les soins n'y contribuaient beaucoup, les plantations de M. le comte Dubois ne se distingueraient pas d'une manière aussi frappante auprès des plantations voisines, qui, comme les siennes, jouissent des mêmes avantages du sol.

C'est à un élagueur de la Flandre que M. le comte Dubois a confié depuis long-temps la conduite de ses arbres, et j'ai moi-même fourni trois ouvriers, en 1824, qui ont exécuté l'élagage sous ma direction.

Une chose à remarquer, c'est que, malgré un si bel exemple donné par M. le comte Dubois pour la conduite des grands arbres forestiers, on ne voit pas qu'il ait eu un grand nombre d'imitateurs parmi ses voisins; tout au contraire, il semble que l'on veuille enchérir à Vitry sur les abus de l'élagage, et cela est d'autant plus sensible et plus ridicule que les pépinières de cet endroit jouissent d'une espèce de célébrité.

Je dois cependant rendre justice à quelques pépiniéristes instruits qui ont su mettre à profit cette bonne manière d'élaguer les arbres, et en particulier à M. Margate, qui se distingue également par la culture des rosiers, dont la collection est aussi nombreuse que variée.

Au reste, si la plupart des propriétaires de Vitry conduisent mal les grands arbres qui bordent leurs propriétés, il n'en est pas ainsi des pépiniéristes, dont la grande réputation qu'ils ont acquise se trouve toujours confirmée par la beauté de leur culture.

De la structure artificielle des arbres.

On entend par *structure artificielle des arbres* la forme qu'on les oblige à prendre au moyen de l'élagage.

Les formes les plus généralement adoptées sont les arbres taillés en palissades ; les arbres taillés en allée couverte, en berceaux, en salle de verdure, en vases, en boules d'oranger, etc.

S'il est important de bien conduire les arbres de haut service, les arbres d'ornement méritent aussi des attentions, puisqu'ils jouent un si beau rôle dans la décoration de nos jardins.

Quoiqu'on ait adopté plusieurs formes à donner aux arbres pour la décoration des jardins, je ne parlerai cependant ici que des arbres de ligne, ceux des massifs et des groupes n'exigeant pas ou presque pas de soins pour produire les effets qu'on en veut obtenir.

Au nombre des grands arbres destinés à décorer les jardins, les places publiques, les promenades, etc., nous distinguerons particulièrement l'orme, le tilleul, le charme, l'érable, le platane, l'acacia ou robinier, le marronnier d'Inde, etc., comme étant les plus propres à prendre toutes sortes de formes.

Les palissades se forment de différentes manières, soit en les dirigeant à pied droit, comme l'on dit en terme forestier, c'est-à-dire en coupant toutes les branches latérales jusqu'à l'extrémité supérieure de la tige, soit en laissant à l'extrémité quelques branches latérales, qui forment de petites houppes semblables à la naissance d'un berceau. Quelquefois on coupe l'extrémité verticale de la tige, ce qui donne à la palissade la forme d'un mur; quelquefois aussi on ne forme la palissade que sur une partie et dans le bas de l'arbre, en laissant pendante l'extrémité des branches latérales, soit à angle droit, soit à angle obtus, soit enfin en forme arquée.

La forme de palissade dite *à pied droit* est particulièrement adoptée dans les routes de chasse des forêts montueuses, afin de favoriser l'introduction de la lumière et d'apercevoir les objets d'un bout à l'autre des routes. Cette forme sert aussi à favoriser l'introduction de l'air pour le desséchement des routes dans les terrains humides et aquatiques.

La taille des arbres destinés à former des palissades, des allées couvertes, des salles de verdure et des berceaux, sera indiquée à l'article de chaque arbre qui, par sa nature, est le plus propre à prendre ce genre de forme. Nous ne parlerons point des formes en vase et en boule, le bon sens et le bon goût ayant proscrit ces sortes de tailles de nos jardins.

Du but de l'Élagage en général.

Le but que l'on se propose en élaguant un arbre est de lui procurer un tronc bien droit, d'une belle élévation et d'un diamètre proportionné, une tête bien arrondie et bien proportionnée. On a aussi pour but de lui donner de la vigueur et de favoriser sa croissance, en le débarrassant des branches superflues dont il peut être chargé.

Je sais que je suis ici en opposition avec la plupart des botanistes, qui prétendent que les feuilles nourrissant autant que les racines, plus on supprime de branches, plus on diminue la végétation. Mais comme je ne raisonne que d'après mon expérience, je soutiens qu'un arbre bien conduit a une végétation beaucoup plus rapide qu'un arbre abandonné à lui-même. Les feuilles sont nécessaires à l'arbre; mais je ne crois pas qu'elles le nourrissent. D'ailleurs, si, en retranchant un certain nombre de branches, je diminue le nombre des feuilles, cet accident n'est que momentané, puisque les branches conservées, en profitant de cette suppression, prennent un plus grand développement, et, augmentant ainsi le nombre des feuilles, rétablissent ce que l'élagage a fait perdre.

L'élagage favorise aussi le développement des racines. Or, plus les racines prennent de développement, plus elles vont puiser au loin des substances propres à la végétation, et de cette conséquence il résulte que la croissance de l'arbre doit être plus rapide. Buffon a dit « qu'en étêtant les arbres on donne » aux racines les moyens de se déve- » lopper. » Duhamel a dit aussi : « En » élaguant les arbres peu à peu, on les » engage à produire une plus grande » quantité de racines. » On voit donc que l'élagage favorise, sous tous les rapports, la végétation des arbres.

Du but de l'Élagage dans les grands bois et les taillis.

Le but de l'élagage des arbres de réserve dans les bois taillis est d'aider les baliveaux modernes à se redresser, de favoriser la croissance des baliveaux anciens en retranchant les branches latérales dont ils sont chargés, de forcer leur tige à s'élancer, et de les débarrasser des branches mortes, branches qui nuisent extrêmement à l'arbre, ainsi qu'à tout ce qui les entoure.

Indépendamment des avantages que la suppression des branches latérales procure aux arbres de réserve, en favorisant leur croissance, en les aidant à s'élancer, et en préservant leur cime de l'épuisement que ne manqueraient pas d'occasioner ces branches, cette opération procure encore des avantages non moins importans en débarrassant aussi les taillis des branches superflues des arbres de réserve; car ces branches les privent des bienfaits de l'air, froissent les rameaux des souches et les empêchent de s'élever, par la résistance qu'elles leur opposent.

De quelques Règles générales applicables à l'Élagage.

L'élagage est particulièrement employé pour la conduite des jeunes arbres; mais on est souvent obligé d'en faire usage pour rétablir la forme des arbres qui ont été mal conduits ou négligés, et c'est dans ces deux derniers cas que cette opération devient plus difficile, si l'on veut atteindre le but proposé.

Un jeune arbre à branches alternes qui s'est développé d'une manière régulière, c'est-à-dire en produisant des bourgeons latéraux espacés à des distances convenables, et une seule tige droite et bien effilée, n'est pas bien difficile à élaguer; car il suffit alors de retrancher une ou deux branches les plus basses, s'il en est de superflues. Je dis s'il en est de superflues; car ce n'est qu'alors que l'élagage devient nécessaire.

Ce n'est pas seulement à l'aspect d'un arbre qu'on peut juger s'il est surchargé de branches ; car ce n'est pas uniquement pour le coup-d'œil qu'on élague les arbres, mais bien aussi pour leur culture : ainsi plusieurs circonstances doivent être prises en considération.

D'abord un arbre sain, vigoureux, planté dans un bon terrain, où les racines peuvent se développer sans obstacles, peut porter un assez grand nombre de branches; tandis que, dans un terrain de médiocre qualité, le même arbre peut en porter moins, et beaucoup moins encore dans un mauvais terrain.

Si un trop grand nombre de branches nuit à la croissance d'un arbre, la suppression d'une trop grande quantité nuit encore bien davantage. Le terme moyen, ou savoir saisir l'à-propos, serait une grande question théorique de physiologie végétale; mais dans la pratique on la résout assez facilement. L'élagueur exercé, qui aime son état et qui a du bon sens, ne s'y trompe presque jamais.

S'il est reconnu que la suppression d'une trop grande quantité de branches est plus nuisible à la croissance d'un arbre que s'il en était surchargé, je n'en conviens point pour cela que c'est parce que les feuilles nourrissent. Je serais plus disposé à croire que les branches sont plus nécessaires à l'arbre pour absorber leur portion de sève que pour nourrir l'arbre par leurs feuilles. Ceci paraîtra peut-être un paradoxe; mais les nombreuses observations que j'ai faites me portent à les considérer ainsi.

Un excédant de sève dans un arbre me paraît nuisible, en ce qu'il apporte, si je puis m'exprimer ainsi, du désordre et de la confusion dans l'organisation de l'arbre, comme on peut le remarquer par la quantité de jets latéraux qui se développent sur le tronc quand on supprime trop de branches. Or, en retranchant trop de branches à un arbre, j'amène cet excédant de sève, et il résulte de là qu'il en souffre considérablement.

Je pense qu'un arbre souffre moins en manquant de sève que lorsqu'il en a trop ; car si on trouve beaucoup d'analogie entre les végétaux et les animaux, un animal souffrira moins et se portera mieux lorsqu'on le nourrit d'une manière convenable qu'en lui donnant des alimens à profusion.

D'après cela, ce ne serait donc point par la déperdition de la sève occasionée par la suppression des branches, ni par la perte des feuilles qu'un arbre souffrirait, mais bien par le désordre que vous apportez dans son organisation en retranchant une trop grande quantité de branches qui servaient à absorber la sève, qui par là devient trop abondante pour les besoins de l'arbre.

Si, comme le prétendent beaucoup de botanistes, la suppression des branches occasionait la déperdition de la sève aux arbres, on ne verrait certainement pas cette quantité de jets latéraux se développer sur leur tronc, par suite de l'élagage; car ce ne peut être qu'une surabondance de sève qui les produit.

Essayons de donner ici un exemple qui servira à faire connaître quand un jeune arbre est surchargé de branches.

Figurons-nous un orme planté avec ses rameaux, depuis six ans, dans un bon terrain, ayant vingt pieds d'élévation à partir de la terre jusqu'à son extrémité supérieure, chargé de vingt bourgeons latéraux, dont le plus bas serait à huit pieds au-dessus de terre, et les autres espacés, de chaque côté, à la distance d'un pied l'un de l'autre, ce qui occuperait sur la tige un espace de dix pieds, qui, joints à deux pieds qu'aurait le jet vertical ou extrémité de la tige, formeraient un total de douze pieds. De cette manière la structure de cet orme serait formée de huit pieds de tronc et de douze pieds de tige branchue.

Quand même l'orme que nous donnons ici pour exemple serait assez vigoureux pour alimenter les vingt bourgeons dont il se trouverait chargé, on ne nuirait point à sa croissance en coupant rez tronc les deux branches les plus basses; car voici une méthode pour la conduite des jeunes arbres, applicable à bien des cas : tant que l'élagage sera jugé nécessaire pour la conduite des arbres, c'est-à-dire tant qu'ils n'auront pas atteint une hauteur convenable et que leur tête ne sera pas formée (1), il faudra les diriger de manière à ce que le tronc, à partir de la base jusqu'à l'insertion des premières branches, comprenne la moitié de la tige, et que la tête ou plutôt la partie occupée par les branches forme l'autre moitié. Cepen-

---

(1) J'appellerai cet espace de temps leur jeunesse.

dant aux arbres qui s'élancent trop et qui, dans une avenue, surpassent les autres en hauteur, ainsi qu'à ceux qui ne sont pas assez gros à leur base, il convient quelquefois de laisser plus d'étendue à la tige branchue qu'au tronc.

Si l'arbre que nous venons de donner pour exemple était chargé de quarante bourgeons au lieu de vingt, il est censé qu'alors, quelque vigoureux qu'il fût, il faudrait retrancher au moins quinze à vingt bourgeons, en les espaçant de manière à en couper un entre deux, en ayant toujours soin de bien établir l'équilibre dans l'arbre. Toutefois, en pareil cas, les quatre bourgeons les plus bas seront coupés rez tronc.

Quand je dis qu'il faut couper rez tronc les branches jugées trop basses, je ne veux pas dire qu'il faille les couper si près du tronc que l'écorce en soit entamée, encore moins le bois; j'entends qu'il faut les couper de manière que la plaie ne présente que le diamètre de la branche.

Je ne saurais assez recommander aux élagueurs de ne pas couper trop près du tronc les branches les plus fortes, et de donner en dessous plusieurs coups de serpe de manière que l'entaillure comprenne les deux tiers de la branche, avant de porter les premiers coups sur le dessus pour les abattre. Avec cette précaution, ils éviteront les éclats que les branches emportent toujours avec elles, et les chancres et les gouttières qui en sont le résultat.

Mais si j'engage les élagueurs à ne pas couper les branches trop près du tronc, je ne prétends point qu'il faille laisser des chicots de trois, quatre ou six pouces de longueur, comme certains élagueurs le pratiquent; car, à quoi serviraient ces chicots?

Peut-être m'opposera-t-on qu'en laissant des chicots j'aurai des plaies moins grandes que si je coupe rez tronc; mais que deviendront ces chicots?

Un chicot du diamètre de deux pouces environ ne tarde pas à mourir après qu'on l'a coupé à la longueur de six ou huit pouces du tronc, soit qu'il se trouve sur un chêne, ou un frêne ou un hêtre, soit qu'il se trouve sur un orme.

Une fois mort, il reste encore long-temps attaché au tronc. S'il se gâte et se carie, il laisse nécessairement un défaut, un trou lorsqu'il vient à tomber; s'il se dessèche et se durcit, et que par là sa chute devienne impossible, il sera enveloppé, dans cet état, par la croissance du tronc, qui ne fait que le recouvrir sans l'unir à la masse: de là résulte un défaut dans le bois, d'une profondeur égale à la longueur du chicot.

Si, en coupant rez tronc les branches que l'on élague, on y occasione un défaut, il n'est jamais aussi considérable que celui qu'un chicot peut occasioner, puisqu'il n'a que l'étendue du diamètre du chicot sans en avoir encore celle de sa longueur, qui est de six ou huit pouces.

On voit fréquemment dans les planches de sapin des morceaux de chicots recouverts, et qui, se détachant par le choc plus ou moins violent que l'on fait éprouver à ces planches, y laissent des trous dans toute leur épaisseur. Une branche coupée rez tronc laisse tout au plus, par la plaie qu'elle peut occasioner, une solution de continuité ou une crevasse plus ou moins considérable dans une seule planche; tandis que le chicot de six ou huit pouces de longueur laisse des trous dans l'épaisseur de plusieurs planches. On est souvent obligé de remplir ces trous avec des chevilles lorsque ces planches sont mises en œuvre.

On pense bien que ce double inconvénient n'est pas comparable au léger défaut que peut occasioner la suppression d'une branche tout près du tronc. J'ajouterai même que ces sortes de plaies se recouvrent et redeviennent presque toujours inhérentes au tronc sans laisser aucun défaut, lorsque par suite de plusieurs élagages bien dirigés on est dispensé de couper de trop grosses branches.

Tout ce que j'ai dit ici, en parlant du chicot, n'est applicable qu'aux arbres d'une certaine grosseur, plantés dans les avenues, dans les quinconces et dans les forêts. Je ferai exception des jeunes arbres que l'on cultive dans les pépinières. On peut laisser à ceux-ci des chicots, pour leur procurer une tige forte à la base et les empêcher de devenir frêles et effilés. Sur ces jeunes arbres, les chicots ne meurent point, parce qu'ils se couvrent de plusieurs rejetons qui les nourrissent.

On m'objectera peut-être que les chicots empêchent le développement d'une quantité de jets qu'on voit autour des arbres élagués ; mais je demanderai, à mon tour, en quoi les chicots peuvent empêcher le développement de ces jets. Serait-ce en absorbant la sève surabondante que l'arbre pourrait avoir ? Je ne le crois pas ; car le chicot périssant peu de temps après la taille, il devient impropre à recevoir la sève, et par conséquent incapable de contenir celle qui est surabondante.

Ce n'est que par des élagages mal entendus, tels que ceux qu'on pratique sur les arbres qui bordent les routes, qu'on oblige le tronc à se garnir presque toujours de nombreux rejetons : jamais pareil inconvénient n'arrivera si l'on ne retranche que deux ou trois branches d'après les principes déjà établis.

J'ai des preuves nombreuses et incontestables de ce que j'avance; mais je n'en citerai qu'une.

Le canal de Saint-Denis est planté d'une rangée de peupliers d'Italie et de peupliers suisses sur les bords extérieurs de ses chemins de halage. Par des élagages mal entendus, on avait forcé les peupliers suisses à produire une quantité de rejetons si rapprochés les uns des autres, qu'il était impossible à un élagueur de travailler sans se faire jour auparavant avec la serpe.

L'élagage de ces arbres m'ayant été confié, je le fis exécuter au mois de novembre 1825, me bornant à faire abattre ces rejetons déjà assez forts, qui couvraient le tronc dans toute sa longueur. Quoique la tête exigeât le retranchement de plusieurs branches, je me contentai d'en faire couper quelques-unes aux deux tiers de leur longueur, parce que je craignais la reproduction des jets latéraux, qui, la première fois, avait été occasionée par la suppression d'une trop grande quantité de branches. Cet élagage a produit le meilleur effet; le diamètre du tronc de ces arbres a augmenté d'une manière sensible, la tête s'est bien développée, et très-peu de rejetons ont reparu en 1826.

La Compagnie des canaux de Paris a malheureusement négligé l'élagage de ces peupliers jusqu'au moment où j'écris (octobre 1828), c'est-à-dire que, depuis 1825 jusqu'en 1828, ces arbres sont restés dans le même état, et il en a résulté que des branches de la tête ont pris un tel développement qu'on ne pourrait aujourd'hui les abattre sans y former des plaies assez larges. Cependant, comme les troncs n'ont point encore atteint une élévation convenable, il conviendrait, malgré l'inconvénient des plaies, de faire abattre ces branches; car elles finiront par prendre un si grand accroissement, que leur poids, joint à leur étendue, les fera éclater, et en se détachant du tronc elles occasioneront par leur chute des déchiremens profonds et étendus.

Il eût été mieux de faire un élagage en 1826, où l'on eût coupé rez tronc les branches taillées en 1825 aux deux tiers de leur longueur, et l'on aurait en même temps coupé également aux deux tiers de leur longueur les branches supérieures à celles-là. De cette manière on eût évité les larges plaies et procuré au tronc une plus grande élévation.

Il est bon de savoir pourquoi on doit couper certaines branches à la moitié ou aux deux tiers plus ou moins de leur longueur.

Nous venons de faire remarquer, en parlant de l'élagage de quelques peupliers du canal de Saint-Denis, que la suppression d'une trop grande quantité de branches avait occasioné la production de nombreux rejetons, qui couvraient le tronc de ces arbres dans toute leur étendue.

On a vu ci plus haut que la production de ces rejetons est occasionée par une surabondance de sève dans l'arbre, et que cette surabondance arrive lorsqu'on diminue trop brusquement la partie absorbante, qui est les branches. C'est donc pour diminuer d'une manière moins sensible la partie absorbante que nous accourcissons ainsi les branches de l'arbre.

C'est aussi pour éviter les grandes plaies à l'arbre que nous opérons ainsi.

Il est reconnu qu'une branche coupée à la moitié plus ou moins de sa longueur ne grossit plus ou grossit très peu, ou enfin, si elle reprend son accroissement, ce n'est que plusieurs années après cette opération.

On conçoit facilement que plus la

tige d'un arbre est grosse, plus elle a de moyens de recouvrir une plaie. Or, plus le tronc d'un arbre augmente, la branche qui y est attachée restant toujours la même, plus la plaie que peut occasioner la suppression de cette branche est petite en proportion de la tige. Il résulte donc de là que, lorsqu'on coupera rez tronc la branche qui aura été précédemment raccourcie, la plaie que cette suppression occasionera sera beaucoup plus petite en proportion de la tige, et, par la même raison, sera plus tôt cicatrisée.

Après avoir donné diverses règles pour la conduite des jeunes arbres, essayons d'en indiquer quelques-unes sur la manière de rétablir les arbres qui ont été mal conduits ou négligés.

Lorsque, dans les plantations, et surtout dans les plantations des grandes routes, qui sont battues du vent et où l'on étête généralement les arbres en les plantant, l'élagage a été, pendant un certain nombre d'années, négligé ou mal entendu, les arbres prennent de si mauvaises directions et des formes si bizarres, qu'on ne peut les rétablir sans les étêter tout à fait de nouveau, et ce moyen est souvent le seul qui soit praticable en pareil cas : néanmoins, on parvient quelquefois à les redresser et à leur faire prendre une forme régulière en les ébranchant d'une manière convenable. Quand les branches sont trop rapprochées, et que l'arbre n'a pas assez d'élévation, il faut supprimer les branches du centre en laissant les plus basses ; lorsque les branches les plus basses sont trop étalées ou qu'elles sont pendantes, il faut les couper au quart ou à la moitié, plus ou moins, de leur longueur.

Quand la tige est oblique ou inclinée, et que le poids des branches est la cause de cette direction, il faut retrancher les branches qui se trouvent du côté de l'inclinaison de la tige, soit en les coupant rez tronc, soit en les coupant au quart ou à la moitié de leur longueur.

S'il suffisait de retrancher les branches les plus basses, l'élagage ne serait pas une chose difficile, comme on peut s'en convaincre en faisant cette opération sur le peuplier d'Italie; mais il n'en est pas ainsi pour les ormes, et surtout pour l'orme tortillard, lorsqu'il se trouve isolé dans les routes et les avenues exposées au vent d'ouest.

Quand même l'élévation d'un arbre à branches verticillées serait proportionnée à la grosseur, ce qui permettrait de retrancher les branches les plus basses, ce ne serait pas une raison pour les retrancher toutes à la fois, attendu qu'il en résulterait une plaie considérable autour de l'arbre.

Dans le cas où le premier étage de branches verticillées serait de trois, quatre ou cinq branches, il faudrait en supprimer une sur trois, rez tronc, et deux ou trois s'il y en avait quatre ou cinq; ensuite il faudrait couper les autres à la moitié à peu près de leur longueur. Ces branches, raccourcies, seront coupées rez tronc à l'élagage suivant. On doit en même temps opérer ainsi sur le second étage de branches verticillées, surtout lorsqu'il s'y trouve des branches gourmandes et que la conformation de l'arbre le permet, c'est-à-dire lorsqu'on peut juger qu'à l'élagage suivant il faudra retrancher tout cet étage : cela s'aperçoit aisément quand la tige s'élance bien.

Il est bon aussi de remarquer si l'équilibre est bien établi relativement à la position des branches, à leur poids, à la direction de la tige, à la situation des lieux et à la puissance du vent. Quand on s'aperçoit que la tige prend une direction oblique ou inclinée et que cette direction a pour cause la puissance du vent dominant, il faut toujours ménager, à cette tige toutes les branches qui se trouvent du côté opposé à l'inclinaison, afin que par leur poids elles tendent continuellement à la redresser.

Je rapporterai à ce sujet quelques observations que j'ai pu faire lorsque j'ai dirigé l'élagage des arbres qui bordent le canal de Saint-Denis, près de Paris.

Le canal de Saint-Denis est un embranchement du canal de l'Ourcq : il coule de cet embranchement vers Saint-Denis pour se jeter dans la basse Seine. Les ormes qui bordent ce canal sont plantés sur les bords extérieurs du chemin de halage, et forment la contre-allée avec les peupliers plantés sur le bord du chemin qui longe la plaine de Saint-Denis.

Ce canal traverse la plaine de Saint-Denis du sud-est au nord-ouest, et coupe cette plaine en deux parties, dont la grande est vers Paris. La direction ouest de ce canal est celle où le vent dominant souffle fréquemment et avec violence, entre la butte Montmartre et les hauteurs qui bordent la Seine. Les bourrasques sont quelquefois si impétueuses dans cette direction, qu'elles tordent et froissent les branches des ormes; quelquefois même elles cassent net les sommités des tiges, malgré l'espèce d'abri que semblent former les peupliers plantés sur les bords extérieurs.

Une chose assez remarquable, c'est que les ormes de la rive gauche ne sont pas moins exposés à ces dommages que ceux de la rive droite, quoiqu'ils soient à peu de distance des peupliers, qui leur servent de rempart, et quoique l'on ait eu la précaution de ménager beaucoup de branches à ces peupliers, afin de les rendre, en quelque façon, impénétrables au vent.

Ces circonstances ne m'étant point échappées lorsque je dirigeai, en 1824, l'élagage de ces ormes, je fis ménager autant que possible les branches qui se trouvaient dans la direction ouest, afin de rétablir par leur poids l'équilibre nécessaire à ces arbres, et de les obliger à prendre une direction bien verticale. Malgré ces précautions, ces ormes sont encore un peu inclinés, mais leur tige est vigoureuse, suffisamment garnie de branches, et ils promettent de faire, un jour, un des ornemens des environs de la Capitale, si la Compagnie des canaux a le bon esprit d'en confier le soin à des hommes capables de les bien diriger (1).

---

(1) Les ormes du canal de Saint-Denis n'ont point été élagués depuis 1824 jusqu'au moment où j'écris cet opuscule (octobre 1828), et cette négligence a fait un mal considérable à ces arbres.

Des différentes époques de l'année auxquelles il faut élaguer les arbres.

C'est ordinairement à compter du mois de septembre jusqu'à la mi-avril que l'on élague les arbres; cependant j'ai vu souvent prolonger cette opération jusqu'à la mi-mai, sans qu'il en ait résulté le moindre inconvénient.

Quelquefois aussi on élague les arbres au mois de juillet et au mois d'août, entre ce qu'on appelle les deux sèves; je l'ai fait faire moi-même au bois de Boulogne, près Paris, sans que les arbres aient paru en souffrir.

Voici à peu près, je crois, ce qu'il y a de mieux à faire : Les arbres faibles ou peu vigoureux seront élagués les premiers, c'est-à-dire pendant les mois d'octobre, novembre, décembre, janvier, février et mars; les arbres vigoureux, pendant les mois d'avril et de mai; et enfin les arbres rameux, c'est-à-dire ceux dont le tronc est garni d'une quantité de jets, pendant les mois de juillet et d'août.

Lorsque des élagages sont considérables et que les élagueurs ne sont pas assez nombreux pour exécuter le travail en peu de temps, on le divisera de manière à pouvoir travailler pendant l'hiver le plus commodément possible. S'il se trouve des routes, des avenues isolées, on les élaguera pendant les mois d'octobre et de novembre; s'il se trouve des réserves sur taillis, ou des routes et des avenues dans les forêts, on les réservera pour les mauvais mois de l'hiver, afin d'être à l'abri de la bise et du mauvais temps.

Des Observations qu'un Élagueur doit faire aux Propriétaires avant de procéder à l'élagage.

Un élagueur intelligent doit, avant de commencer son travail, prendre les ordres du propriétaire et lui demander si, dans l'élagage proposé, il n'a rien à ménager soit sous le rapport des lieux, soit sous le rapport des circonstances.

Il faut qu'il examine alors quelles sont la nature du terrain et la situation des lieux, quelles sont les espèces d'arbres, et si ces arbres sont vigoureux ou languissans.

Si par suite de la négligence, ou par l'effet des élagages précédens mal entendus, il arrivait qu'on ne pût opérer selon les vues du propriétaire sans nuire aux arbres, l'élagueur devrait en avertir ce dernier.

Il est reconnu, comme nous l'avons

déjà dit, qu'un bon terrain, qui a de la profondeur, permet de donner une grande élévation aux arbres ; mais il est des cas où la situation des lieux ne permet pas de profiter de ces avantages, car la violence du vent occasione quelquefois des dommages plus ou moins considérables aux plantations, selon que les arbres sont plus ou moins exposés au vent d'ouest. Il est donc des cas où l'on ne doit donner aux arbres qu'une certaine élévation, à cause des dommages que le vent d'ouest pourrait occasioner.

De la Serpe, et de la manière dont l'Élagueur doit la porter et s'en servir.

La serpe d'un élagueur ne doit point avoir la forme de la serpe d'un bûcheron, c'est-à-dire qu'elle ne doit pas être courbée comme cette dernière. Son tranchant doit être presque droit, excepté que vers l'extrémité supérieure il doit y avoir une petite pointe courbée, qui sert à faciliter la taille de certaines branches, lorsqu'il s'en trouve de trop rapprochées et qu'il faut en couper une ou plusieurs entre quelques autres.

Quoiqu'il semble, au premier aperçu, qu'il est indifférent de savoir comment l'élagueur doit porter la serpe, je crois cependant devoir en dire un mot. On sait que l'élagueur ne peut tenir la serpe à la main lorsqu'il monte sur un arbre, sans s'exposer à de grands dangers.

Quelques-uns la suspendent à un crochet fixé à une bandoulière, d'autres la suspendent à un ceinturon ; mais de ces deux manières la première me paraît préférable, car la bandoulière est plus commode à porter que le ceinturon, et la serpe se trouvant mieux placée sous le bras gauche que sur le dos, l'ouvrier peut la prendre plus facilement lorsqu'il doit s'en servir, et la remettre dans le crochet quand il doit faire quelque mouvement sur l'arbre.

La manière de se servir de la serpe pour couper les branches n'est pas non plus indifférente; car l'ouvrier qui se trouve sur un arbre, n'ayant le plus souvent pour s'y maintenir que le secours des deux crochets qu'il a aux pieds, il ne peut manier la serpe comme le ferait celui qui est dans une position favorable. Il faut donc, pour éviter de faire des hachures inégales en coupant une branche rez tronc, qu'il porte les coups de serpe en conservant une certaine raideur dans le bras et le poignet : par ce moyen, le mouvement de son bras sera moins exposé à se devier de la ligne qu'il doit tenir pour couper plus adroitement la branche et mieux parer la plaie.

Pour éviter les éclats et les déchiremens que les branches entraînent souvent dans leur chute lorsqu'on les abat sans précaution, il faut, comme je l'ai déjà dit, que l'élagueur commence par couper la branche en dessous, avant de porter les premiers coups sur le dessus.

De la Houlette.

La serpe étant quelquefois incommode, même insuffisante pour couper certaines branches aux jeunes arbres, on se sert d'un outil en forme de ciseau de menuisier, que l'on appelle, en terme de jardinage, *houlette*. Cet outil est nécessaire pour enlever les jets ou branches chifones, qui poussent ordinairement en grande quantité sur les jeunes arbres à qui on a coupé l'extrémité supérieure ; car ces arbres sont souvent trop faibles pour soutenir le poids d'une échelle et encore moins celui de l'élagueur.

Lorsque des branches ou des jets sont trop gros ou trop mal placés pour pouvoir être enlevés avec la houlette par le seul effort de la main, on peut se servir d'un maillet ou petite mailloche.

On peut adapter à la houlette un manche plus ou moins long, suivant les besoins.

On a soin aussi, pour éviter les éclats et les déchiremens, de couper les jets ou branches en deux fois, c'est-à-dire que, la première fois, on les coupe à un pouce, plus ou moins, de la tige, et la seconde, on les coupe rez tige, mais toujours de manière à ne pas entamer l'écorce, encore moins le bois de la tige même.

Des Précautions que l'Élagueur doit prendre pour éviter de tomber de l'arbre.

S'il arrive assez fréquemment des accidens et des malheurs aux ouvriers qui élaguent les arbres, la plupart de ces accidens sont occasionés ou par l'imprudence même de ces ouvriers, ou par le peu de précautions qu'ils prennent.

J'ai vu des élagueurs s'exposer à de grands dangers et sans que cela fût nécessaire. On ne peut donc trop recommander à l'élagueur de prendre beaucoup de précautions, comme, par exemple, de s'attacher à l'arbre avec une forte courroie lorsqu'il a besoin de couper des branches de difficile accès; de ne faire aucun mouvement sur l'arbre, pour y changer de place ou de position, qu'il n'ait remis sa serpe dans le crochet de sa bandoulière; de bien fixer dans l'écorce de l'arbre les crochets qu'il a aux pieds.

DEUXIÈME PARTIE.

DE L'ÉLAGAGE DES ARBRES QUE L'ON A ÉTÊTÉS, SOIT EN LES PLANTANT, SOIT APRÈS LA PLANTATION.

On entend par élagage des arbres que l'on a étêtés tous les soins qu'on donne à ces arbres par la taille, depuis leur plantation jusqu'au moment où l'on est parvenu à leur former une nouvelle tige, pour les conduire ensuite comme les arbres non étêtés.

Les arbres étêtés produisent ordinairement des jets dans toute la longueur de leur tronc. Il faut retrancher, aussitôt qu'ils paraissent, les jets trop bas et conserver ceux qui se trouvent vers le haut, lorsqu'ils ne sont qu'à la distance de huit à dix pouces, plus ou moins, de l'extrémité supérieure dans la direction sud-ouest : nous dirons plus tard les raisons qu'on doit avoir pour procéder ainsi.

La seconde année, on retranche tous les jets, à l'exception des deux ou trois plus forts, que l'on redresse en les attachant au bout de l'ancienne tige. On conserve en outre une ou deux brindilles, ou jets plus faibles, à l'extrémité de l'ancienne tige; sans quoi, cette tige finirait par se dessécher, le cours de la sève se trouvant interrompu.

La troisième année, on coupe tous les jets réservés, à l'exception de celui qui doit servir de prolongement au tronc. Celui-ci sera lié à l'extrémité de l'ancienne tige, qui lui servira de tuteur.

On donnera toujours la préférence au jet le plus gros lorsqu'il sera bien placé; dans le cas contraire, on laisserait celui qui remplit mieux cette condition.

Au bout de quatre ou cinq ans, on coupe obliquement le chicot ou bout de l'ancienne tige, précisément au dessus de l'insertion du jet conservé. On peut même laisser ce chicot tout aussi long-temps qu'il est vert, afin de donner le temps au jet qui doit servir de prolongement au tronc de se développer suffisamment : par ce moyen, la plaie qu'occasione la suppression du chicot se cicatrise en peu de temps. Il faut avoir soin, pendant les quatre ou cinq ans que comprennent ces diverses opérations, de couper le bout des brindilles réservées à l'extrémité supérieure du chicot, afin de les empêcher de grossir et de nuire au jet principal, en vivant à ses dépens.

Par une sage précaution, il est mieux de conserver toujours, autant que possible et pendant les quatre ou cinq ans dont nous venons de faire mention, deux ou trois jets au lieu d'un seul;

mais on a toujours en vue de favoriser l'accroissement du jet le mieux placé, soit par le moyen de la taille opérée sur celui-ci, soit en mettant les autres dans un état de gêne, comme, par exemple, un degré d'inclinaison plus ou moins sensible, ou toute autre opération semblable.

La plaie occasionée par la suppression du chicot une fois fermée, on aura un arbre fort approchant de ceux qu'on aurait plantés sans les étêter.

Nous avons fait choix des jets qui sont dans la direction sud-ouest, afin de présenter la plaie qu'occasione la suppression du chicot à la direction nord-est. Elle sera moins exposée à la carie, et le cœur de l'arbre sera préservé d'un vice ou d'un défaut. D'un autre côté, le jet placé dans la direction sud-ouest est moins exposé à éclater par l'effet du vent, qui nous vient le plus souvent dans cette direction.

Notre but, en préférant les jets placés à huit à dix pouces au dessous de l'extrémité supérieure à ceux qui se trouvent à cette même extrémité, a été d'obtenir une plaie saine lors de la coupe du chicot, avantage qu'on n'aurait pas en faisant choix des jets qui se trouvent à l'extrémité supérieure, attendu que cette extrémité supérieure est toujours morte et gâtée jusqu'à une certaine profondeur, avant que la plaie soit cicatrisée.

Quand les personnes qui plantent des arbres possèdent les connaissances nécessaires, elles ont soin de retrancher à ceux que l'on n'étête pas une partie des branches superflues dont ils peuvent être chargés, opération qui dispense dans la suite de faire usage de la serpe pendant les premières années de la culture de ces arbres.

Mais il n'en est pas ainsi pour les arbres que l'on plante avec tous leurs rameaux.

Il est reconnu, en physique végétale, que les branches et les racines sont en rapport entre elles. On sait qu'en arrachant un arbre pour le transplanter ailleurs on coupe, on mutile, quelques précautions que l'on prenne, une partie de ses racines : or, pour rétablir l'ordre ou l'équilibre qui doit régner entre les racines et les branches, il faut retrancher de ces dernières ce qu'il peut y avoir de superflu lors de la plantation; sans quoi, l'arbre ne ferait que languir ou végéter faiblement pendant plusieurs années.

C'est probablement pour rétablir cet équilibre entre les branches et les racines que l'on s'est décidé à étêter la plupart des arbres qu'on transplante, surtout l'orme, le peuplier blanc de la Hollande, etc.

Je ne parlerai ni pour ni contre cette

pratique, je dirai seulement que j'ai planté beaucoup d'arbres étêtés et non étêtés, et qu'ils se sont également bien développés, parce que j'ai pris soin de les arracher et de les transplanter avec précaution, et que je les ai conduits ensuite suivant les principes de l'art.

Mais si j'ai obtenu des résultats également satisfaisans en plantant des arbres avec leur sommité ou sans leur sommité, il ne s'ensuit pas que ces manières de planter soient indifférentes ; car ce que j'ai remarqué dans les plantations que j'ai conduites, ou dans celles dont j'ai dirigé l'élagage seulement, m'a prouvé qu'en général il est bon d'étêter certaines espèces d'arbres, je dirai même que cela est nécessaire, à cause du peu de précautions que l'on prend lorsqu'on les transporte ou qu'on les arrache.

Un autre motif non moins puissant doit faire décider en faveur de l'étêtement des arbres, c'est que dans les plantations battues par le vent ils souffrent moins que ceux qui sont plantés avec leurs rameaux; car ces derniers étant continuellement secoués par le vent, il en résulte que les filamens chevelus, qui, pour l'ordinaire, croissent à la racine, ne peuvent se développer, parce que le tiraillement continuel des secousses occasionées par le vent les mutile, les froisse et finit par les rompre.

Dans les élagages que j'ai dirigés, j'ai trouvé des ormes, des peupliers noirs et des peupliers blancs de Hollande, des érables, etc., qui, plantés avec leurs rameaux, n'avaient pu d'abord se développer; je les fis étêter, et ils produisirent, la même année, des jets vigoureux, qui se développèrent ensuite d'une manière tout à fait remarquable.

Quoique cette petite digression m'ait fait perdre mon sujet de vue pour un instant, je ne le crois pas inutile, attendu que le seul moyen d'empêcher certains arbres de rester stationnaires, c'est d'avoir soin de les étêter.

Quelquefois même il est indispensable de faire cette opération sur des arbres d'une grosseur assez considérable, dont la tête, avant d'avoir atteint un degré suffisant d'élévation, forme ce qu'on appelle le pommier ou le buisson. C'est ainsi que l'on obtient un jet propre *à s'élancer* pour servir de prolongement au tronc. La manière de procéder dans ce cas est la même que pour les jeunes arbres.

Il est des cas où l'on étête les arbres quand ils ont acquis un certain degré d'élévation et de force, mais c'est presque toujours dans des vues toutes différentes. Les paysans font souvent cette opération aux arbres plantés çà et là dans les haies qui entourent leurs héritages. Avec les arbres de première grandeur, tels que le chêne, l'orme, le frêne, ils font des têtards à têtes longues, dont le tronc depuis le bas jusqu'à l'extrémité supérieure produit des jets, qui, étant coupés tous les six ou huit ans, rapportent une quantité considérable de bois à brûler ou à faire des rames. Ils font aussi des têtards à têtes rondes avec des arbres de moyenne grandeur, tels que le charme et l'érable des bois. Ces têtards rapportent aussi considérablement toutes les fois qu'on coupe les branches qu'ils produisent.

Le tronc de ces arbres est extérieurement raboteux, mais il est très-dur. On en fait des moyeux si solides, qu'ils soutiennent sans ferremens les raies les plus fortes.

Le frêne têtard est aussi employé par les ébénistes pour le placage. J'ai vu des meubles plaqués en frêne, qui ne le cédaient en rien au plus bel acajou.

Je crois que si on multipliait davantage les arbres têtards nous n'aurions pas besoin d'aller chercher à grands frais des bois étrangers ; une circonstance que je vais rapporter me le prouve d'une manière évidente. M. Rensing, facteur de pianos, rue Marie-Stuart, à Paris, m'a fait voir, il y a peu de temps, deux pianos magnifiques, dans lesquels il a incrusté un morceau de bois indigène, dont la beauté du poli et la richesse de la nuance ne le cèdent en rien aux plus beaux bois exotiques. M. Rensing est un de ces hommes dont le génie inventif a produit quelques heureuses innovations, tant dans le mécanisme de cet instrument agréable que dans les ornemens extérieurs.

L'érable plane serait, je crois, précieux comme arbre têtard.

Je ne terminerai point cet article sans parler d'une opération que j'ai vu pratiquer, et qui m'a paru d'un intérêt d'autant plus grand que ses résultats procurent souvent l'utile et l'agréable.

Il existe dans les jardins de Belœil des ormes de l'âge de cent vingt à cent cinquante ans, qui, tous les huit ou dix ans, produisent du bois en quantité par le retranchement de l'extrémité des branches verticales. Ces arbres sont éhouppés à une certaine élévation au-dessus de l'insertion des branches verticales, de telle sorte que leur tête ressemble à une espèce de plate-forme, qui, reproduisant de nouveaux jets, rapporte à chaque coupe autant qu'un bon taillis. Ces arbres sont plantés en avenues, et les branches de la première division qui forment le berceau n'en sont que plus vigoureuses et d'un effet plus agréable. Malgré cette opération, le diamètre de ces arbres augmente considérablement.

Ce que je viens de dire diffère encore de l'opinion des botanistes, qui prétendent que les feuilles nourrissent autant que les racines; mais je rapporte ici des faits et ne prétends pas autre chose. Je pourrais encore en rapporter d'autres non moins sensibles; mais je me contenterai d'en citer un seul, qui m'a suffi pour prouver à la Société royale et centrale d'agriculture (à l'occasion d'une scie mécanique que j'ai inventée pour l'exploitation des forêts) que l'usage de la scie n'est aucunement nuisible à la reproduction du bois. A cet effet, je transcrirai ici la lettre que j'ai eu l'honneur d'écrire à cette Société, puisque l'opération dont il y est fait mention intéresse tous les propriétaires et qu'elle a beaucoup de rapport avec l'élagage.

« Paris, 21 février 1827.

» Messieurs,

» Pour prouver que l'usage de la scie
» dans l'exploitation des bois ne peut
» nuire à la reproduction des souches,

» et par là exposés à toute l'action de
» la pluie, de l'air et du soleil, aient
» produit des résultats aussi satisfai-
» sans, que ne devrait-on pas attendre
» d'une semblable opération si on la
» faisait rez terre et sur des arbres
» tels que ceux des forêts, qui sont à
» l'abri des élémens ?

» Il existe dans la forêt de Marly
» plusieurs souches d'arbres qui ont
» été abattus à la cognée rez terre et
» qui sont loin de présenter des sur-
» faces planes aussi unies qu'on l'a pré-
» tendu dans le rapport qui m'a été
» communiqué. Ces souches n'ont plus
» reproduit depuis cette dernière opé-
» ration. »

On voit, par la lettre ci-dessus transcrite, que des arbres ont été entièrement ébranchés ; mais il n'est pas dit pour
quel motif, parce que cela était étranger à la preuve que je voulais donner.
Ici, il est bon qu'on sache que ces arbres

» Louis Lefebvre et Pierre Bicherez,
» de Saint-Nom, dans lesquelles plu-
» sieurs arbres ont été ébranchés à la
» scie au mois de novembre 1826. Au
» nombre de ces arbres, il s'en trouve
» un de plus de cent ans et dont les
» branches ont au moins vingt-cinq
» pouces de circonférence.

» J'observe que les plaies ne sont
» aucunement recouvertes de goudron
» ni d'autres matières, et que les mâ-
» chures de la scie n'ont été polies ou
» enlevées à la serpe qu'aux extrémités
» qui bordent l'écorce. J'observe, en
» outre, qu'après cette opération il ne
» faut tout au plus que quatre à cinq
» ans pour que les plaies des branches
» soient recouvertes, et qu'au bout de
» trois ans les jets reproduits sont très-
» vigoureux et rapportent de bel et
» bon fruit en abondance.

»S'il est étonnant que de pareilles opé-
» rations faites sur des arbres isolés,

» et par là exposés à toute l'action de
» la pluie, de l'air et du soleil, aient
» produit des résultats aussi satisfai-
» sans, que ne devrait-on pas attendre
» d'une semblable opération si on la
» faisait rez terre et sur des arbres
» tels que ceux des forêts, qui sont à
» l'abri des élémens ?

» Il existe dans la forêt de Marly
» plusieurs souches d'arbres qui ont
» été abattus à la cognée rez terre et
» qui sont loin de présenter des sur-
» faces planes aussi unies qu'on l'a pré-
» tendu dans le rapport qui m'a été
» communiqué. Ces souches n'ont plus
» reproduit depuis cette dernière opé-
» ration. »

On voit, par la lettre ci-dessus transcrite, que des arbres ont été entièrement ébranchés ; mais il n'est pas dit pour quel motif, parce que cela était étranger à la preuve que je voulais donner. Ici, il est bon qu'on sache que ces arbres ont été ébranchés, parce qu'ils étaient languissans et qu'ils ne produisaient plus que des fruits chétifs et sans saveur, et que cette opération leur a rendu toute leur vigueur.

Si les feuilles nourrissaient autant que les racines, comme le prétendent certains botanistes, ces arbres eussent dû augmenter en vigueur en proportion qu'ils augmentaient en branches et en étendue; car il est sensible que plus un arbre a de branches, plus il doit avoir de feuilles, et plus il a de feuilles, plus il devrait produire; mais le contraire est arrivé. Qu'on juge par là si les feuilles nourrissent! Je me répète peut-être; mais il est des choses sur lesquelles on ne saurait trop revenir.

TROISIÈME PARTIE.

DE L'ÉLAGAGE PARTICULIER DES DIFFÉRENTES ESPÈCES D'ARBRES.

Les diverses espèces d'arbres présentant différentes conformations, il s'ensuit que l'élagage doit être pratiqué d'une manière particulière à l'égard de chacune d'elles, afin que, dans leur développement, la marche de la nature ne soit point contrariée.

Nous parlerons d'abord de la famille des amentacées, parce qu'elle est la première dans l'ordre et la plus considérable relativement à l'élagage. Elle comprend l'aune, le bouleau, le châtaignier, le charme, le chêne, le hêtre, le peuplier, le platane, l'orme et le saule.

De l'Aune.

L'aune n'étant guère cultivé que dans les taillis, nous ne parlerons pas de son élagage.

Nous ne dirons rien non plus sur le bouleau ni sur le saule, puisqu'ils sont compris dans la même culture que l'aune.

Du Charme.

De tous les arbres qui servent à la décoration des jardins, aucun ne supporte mieux la taille que le charme. Cet arbre est employé à former des palissades, des berceaux, des colonnades, des portiques, etc. Sa tige est garnie de branches ou jets latéraux, qui se conservent autant qu'elle.

L'élagage du charme est facile lorsqu'on le destine à former des haies ou des palissades. Suivant l'épaisseur qu'on veut leur donner, on taille les jets latéraux à une distance de quatre, six ou huit pouces, plus ou moins de la tige.

Tous les ans, au mois de juillet, on tond les palissades, les berceaux, les colonnades, soit avec le croissant, soit avec les ciseaux. Lorsque cette opération a été répétée pendant une longue suite d'années, et que la palissade ou la haie est devenue trop épaisse, on fait une tonte à la serpe ou à la serpette, à la distance de deux, trois ou quatre pouces de la tige. Cette opération rend la palissade ou la haie plus touffue ou mieux garnie et en même temps plus fraîche et plus vigoureuse. Cette tonte rapprochée se fait pendant le mois de février ou de mars.

Il est bon, quand on le peut, de laisser se développer, à l'extrémité supérieure de la palissade ou de la haie, quelques jets verticaux, cela sert à forfier la plante.

Pour former une belle haie de clôture, il faut faire choix de plants d'égale force, de même âge, et les planter avec soin. Si l'on tient à ce qu'une haie prenne de la force et présente de la résistance comme clôture, il faut la laisser se développer, c'est-à-dire la laisser pousser par les extrémités supérieures pendant les cinq ou six premières années de sa culture. On peut, en la plantant, l'étêter ou la ravaler à la hauteur de quatre à cinq pieds, plus ou moins; mais pour qu'elle devienne forte et vi-
comme nous venons de l'indiquer, et la
goureuse, il faut la laisser produire,
tondre tous les ans, avec le croissant ou des ciseaux, mais sur les deux faces seulement.

Il est reconnu, en physique et par l'expérience, qu'un arbre produit peu lorsqu'on le tient en boule comme un oranger, c'est-à-dire lorsqu'on le tond tous les ans. Il en est de même des haies qui subissent tous les ans la même opération.

Ce que je viens de dire ne doit se pratiquer qu'à l'égard des haies de clôture qui doivent présenter de la résistance ; mais lorsqu'on veut former une petite haie uniquement destinée à figurer dans les distributions d'un parc ou d'un petit jardin, on peut la tondre, chaque année, sur l'extrémité supérieure, sans lui laisser acquérir autant de force.

Pour qu'une haie se développe bien, il est bon de labourer la terre au pied de temps en temps, et d'extirper les plantes parasites qui croissent autour d'elle.

Du Châtaignier.

Le châtaignier étant cultivé, moins comme arbre d'ornement, que pour en retirer un produit par la récolte de ses fruits, nous ne parlerons pas de son élagage particulier. Ce que nous dirons pour l'élagage des autres arbres, et particulièrement du chêne, pourra s'appliquer à l'élagage du châtaignier.

Du Chêne.

Le chêne est un arbre de première grandeur. Quand il est placé dans un bon terrain et dans une futaie en massif, son tronc s'élève droit et nu jusqu'à la hauteur de soixante à soixante-dix pieds et plus. Il atteint à peu près cette élévation lorsqu'il se trouve dans un taillis aménagé à l'âge de trente à trente-six ans, parce qu'alors les rameaux du taillis le forcent à s'élancer et empêchent le développement des jets latéraux sur son tronc. Mais il n'en est pas ainsi quand il est isolé ou qu'il croît dans un taillis aménagé à dix, quinze ou vingt ans; car, dans ce cas, le taillis ne s'élevant pas assez, le chêne devient rameux et se développe beaucoup moins.

Plusieurs personnes prétendent qu'il ne faut point élaguer le chêne. Je serais assez disposé à partager leur opinion si je n'avais vu que des opérations, que des élagages semblables à ceux que l'on pratique généralement. Je dirai même qu'il vaudrait mieux ne point élaguer une seule espèce d'arbres que de le faire avec aussi peu d'entendement que je l'ai vu exécuter dans beaucoup d'endroits. Mais lorsque l'élagage est dirigé d'après les règles de l'art, c'est-à-dire lorsqu'on ne coupe pas de trop grosses branches et qu'on n'en retranche pas trop à la fois, cette opération ne nuit pas plus au chêne qu'aux autres arbres : tout au contraire, il favorise sa croissance et procure du bois sans défaut lors de l'exploitation, chose qu'on ne peut espérer quand on l'abandonne à lui-même ; car alors les branches latérales meurent et laissent des trous de plusieurs pouces de profondeur dans le tronc, comme nous l'avons démontré ci-devant, page 65, à l'égard des chicots.

Quand même la suppression d'une trop grosse branche occasionerait un léger défaut au tronc d'un chêne, n'en serait-on pas dédommagé par l'avantage que procure l'élagage en produisant des arbres d'une plus grande élévation et en favorisant par là la croissance du taillis, dont les rameaux peuvent alors s'élever sans obstacle, et jouir des bienfaits de l'air, toujours indispensables à la végétation ?

Le chêne est peu employé à la décoration des jardins, à la plantation des routes et à la formation des avenues ; cependant j'ai vû de belles avenues plantées en chêne, mais on avait soin de les élaguer, avec attention, tous les deux ou trois ans.

Le chêne est généralement cultivé dans les grandes forêts et le plus souvent dans les taillis. Il est plus ou moins élevé suivant la nature du terrain et suivant l'âge auquel on aménage ces taillis. Son élagage ne se pratique guère que lorsqu'on coupe le taillis. On voit donc, après l'exploitation du taillis, les baliveaux frêles et effilés, qui, abandonnés à eux-mêmes, sont inclinés d'une manière si sensible, que quelquefois il s'en trouve dont le tronc est tellement arqué que les rameaux touchent presque la terre. Dans ce cas, il est nécessaire de diminuer le poids de leur tête en supprimant une partie des branches. Il est bon alors, quand cela se peut, de couper celles des branches qui sont insérées au tronc du côté où il est incliné, si l'on désire que l'arbre se redresse.

Nous avons dit que, lorsque le chêne se trouve isolé, l'élagage est indispensable à sa culture. Voyons maintenant comment il faut opérer pour obtenir de beaux arbres, quant à leur structure, et de bons bois de service lors de l'exploitation.

Figurons-nous un jeune chêne bien proportionné, ayant dix-huit pieds environ de hauteur et chargé de quinze ou seize branches ou bourgeons latéraux, posés, comme il arrive le plus souvent, par étages verticillés. Supposons que l'arbre ait quatre étages de branches et que chaque étage soit espacé à une distance de deux pieds et demi l'un de l'autre, et que le premier étage se trouve à la hauteur de sept pieds de la terre.

Il résultera de cette disposition de l'arbre que le tronc nu sera de sept pieds et l'espace occupé par les branches de onze pieds, y compris le jet terminal.

Comme nous avons dit ci-devant, page 62, comment doit être la structure d'un jeune arbre jusqu'à ce qu'il ait atteint une hauteur convenable pour la formation de sa tête, nous ajoutons que, pour s'y conformer, l'on doit retrancher à celui que nous venons de donner pour exemple le premier étage de branches latérales : de cette manière, le tronc nu sera de neuf pieds et demi et l'espace occupé par les branches sera de huit pieds et demi.

L'expérience nous ayant démontré qu'on ne peut couper à la fois un étage composé de cinq branches à un jeune arbre dont le tronc n'offre qu'un petit diamètre sans former une plaie qui embrasserait presque toute la circonférence, nous engageons à ne supprimer que deux des cinq branches rez tronc, et à ne couper les trois autres branches qu'à la moitié ou aux trois quarts de leur longueur. Ces branches, ainsi raccourcies, seront retranchées rez tronc à l'élagage suivant.

On peut opérer ainsi sur le second étage, à l'exception qu'il faut laisser intactes les trois branches conservées, c'est-à-dire ne pas les couper comme celles du premier étage, à la moitié ou aux trois quarts de leur longueur.

Avant de couper les branches rez tronc, et les autres à la moitié ou aux trois quarts de leur longueur, l'élagueur fera attention si l'équilibre de l'arbre est bien établi, afin d'agir en conséquence s'il ne l'était pas.

Deux ou trois ans après ce premier élagage, si l'arbre s'est développé d'une manière régulière, c'est-à-dire s'il a produit plusieurs étages de branches également espacés, ou à peu près, et si le jet terminal ou extrémité de la tige a pris une direction verticale, on opérera comme nous venons de l'indiquer.

Dans le cas où l'arbre se serait développé d'une manière irrégulière, par exemple en produisant des branches tellement rapprochées les unes des autres que le tronc en fût tout chargé, il faudrait alors en retrancher une grande partie, en prenant çà et là celles qui seraient les plus rapprochées, de manière à rétablir l'ordre quant à l'espacement des branches, et donner à la tige une forme régulière. Si par l'effet de cette production irrégulière le jet vertical était resté stationnaire ou sans se développer convenablement, il faudrait retrancher un plus grand nombre de branches latérales, afin d'obliger l'extrémité de la tige ou jet vertical à s'élancer.

On comprendra facilement qu'il ne faudra, dans ce dernier cas, retrancher les branches les plus basses qu'autant qu'il sera nécessaire pour maintenir toujours l'arbre dans une forme telle, que le tronc nu ne comprenne pas plus d'étendue que la partie occupée par les branches, afin de ne pas déroger au principe que nous avons établi ci-devant, page 62.

On répétera, tous les deux ou trois ans, ces diverses opérations suivant les circonstances, jusqu'au moment où l'arbre aura atteint une élévation convenable : alors on fera choix de deux ou trois branches bien placées, pour former la tête de l'arbre. La tête de l'arbre une fois formée, on la laissera se garnir de tous les rameaux qu'elle produira, et l'on abandonnera ainsi l'arbre à lui-même. Cependant si, par la suite, l'une ou l'autre des branches qui forment la tête de l'arbre, ou quelques uns de leurs rameaux, prenaient une mauvaise direction, soit pendante, étalée ou trop divergente, il faudrait les couper, non pas rez tronc, mais à l'endroit où la mauvaise direction prendrait naissance.

Les jets latéraux que l'arbre produira après la formation de sa tête seront élagués tous les quatre ou cinq ans au plus, afin de laisser au tronc les moyens de grossir rapidement en profitant de toute la sève.

Du Hêtre.

De tous les arbres qui sont employés pour l'ornement des jardins, la plantation des routes et la formation des avenues, le hêtre est celui qui réunit le plus de qualités sous le rapport de l'agréable. Son tronc s'élève très haut et droit ; son écorce est brillante ; sa tête est belle ; et son feuillage, du plus beau vert, est admirable. Ses branches sont alternes et souvent bien espacées ; elles sont divergentes ou presque érigées, et se maintiennent toujours bien dans leur attitude. Cet arbre, il est vrai, est lent à croître dans les premières années de sa culture; mais lorsqu'il a acquis un certain âge, sa croissance est rapide. Il s'accommode de presque tous les terrains, excepté de l'aquatique et de la glaise ; son feuillage n'est presque jamais attaqué par les insectes et se maintient long-temps sur l'arbre.

Le hêtre, par sa structure, est facile à élaguer : il suffit presque toujours de couper les branches les plus basses et de répéter cette opération tous les deux, trois ou quatre ans, jusqu'à ce que le tronc ait acquis assez d'élévation pour former la tête. Si, pendant l'espace de temps que l'élagage est nécessaire, il arrivait qu'une branche latérale prît une direction trop érigée, et que par ce moyen elle l'emportât en force et en vigueur sur la tige ou jet vertical, il faudrait la couper rez tronc ou au quart de sa longueur, pour empêcher qu'elle ne remplaçât la tige principale, qui doit servir de prolongement au tronc.

On pourra, au surplus, consulter l'article qui traite du chêne et de l'orme, on y trouvera des principes applicables, dans bien des cas, à l'élagage du hêtre.

Du Peuplier d'Italie.

Le peuplier d'Italie diffère, par sa structure, des arbres dont nous venons de parler ; il exige peu de soins pendant les premières années de sa culture. Ses branches, quant à leur insertion, sont éparses; érigées quant à leur direction, et pyramidales quant à leur forme.

On pourrait se dispenser d'élaguer le peuplier d'Italie; car cette opération n'est point nécessaire pour lui procurer une belle forme. Néanmoins il convient de retrancher les branches les plus basses lorsqu'il est parvenu à un certain degré d'élévation et de force; car ces branches meurent infailliblement et restent en cet état, pendant quelques années, attachées au tronc ; ce qui ne laisse pas que d'être nuisible à l'arbre et désagréable à l'œil.

Si le tronc du peuplier offre souvent des côtes ou des lignes longitudinales enfoncées, qui font donner au tronc le nom de strié, on doit en attribuer la cause à la négligence que l'on apporte dans sa culture; car j'ai toujours remarqué que le tronc du peuplier est rond ou cylindrique lorsqu'il a été bien conduit.

Quoique le peuplier produise généralement un seul jet vertical, il arrive quelquefois qu'il devient bifurqué ou fourchu, et qu'il a deux tiges au lieu d'une : dans ce cas, il faut avoir soin d'en supprimer une avant qu'elle ait atteint un certain degré de grosseur.

Du Peuplier noir.

Le peuplier noir est beaucoup employé aujourd'hui dans les plantations; à la vérité, sa croissance est très-rapide. Ses branches sont alternes et divergentes ; elles s'alongent beaucoup et forment une tête d'un grand diamètre. Son bois est tendre et facile à s'éclater ; aussi voit-on souvent que quand les branches ont atteint une certaine grosseur, elles se détachent du tronc, soit par un coup de vent, soit par leur propre poids ou par le poids du givre : alors la tête de l'arbre est désagréable à l'œil. Afin d'éviter cet inconvénient, il est nécessaire de couper ces branches à la moitié ou au tiers de leur longueur lorsqu'elles ont trop d'étendue.

Ce peuplier est facile à diriger; néanmoins, si on lui retranche beaucoup de branches à la fois, le tronc devient rameux, comme je l'ai démontré page 68.

Ce qui est dit à l'article du chêne et du hêtre est applicable, dans bien des cas, à l'élagage du peuplier noir; je n'en parlerai donc pas ici, pour éviter des répétitions.

Les peupliers blancs se dirigent comme le peuplier noir, à l'exception que n'étant point sujets à éclater comme ce dernier, on peut laisser les branches dans toute leur longueur quand le coup-d'œil le permet.

On plante généralement le peuplier noir avec ses rameaux ou sans l'étêter, et il arrive assez fréquemment que quelques uns de ces arbres ne se développent pas et restent stationnaires, avec des têtes en forme de buisson ou de pommier. Il est bon alors de les étêter, ce qui les oblige ensuite à produire des jets que l'on conduit comme ceux des arbres étêtés, dont il est fait mention, page 89.

Du Platane.

Le platane ayant beaucoup d'analogie avec le hêtre, sous le rapport de son développement, on opérera pour son élagage comme il est prescrit pour le hêtre.

De l'Orme.

Lorsqu'on observe les plantations faites dans Paris et ses environs, on remarque que les neuf dixièmes au moins sont en ormes. A la vérité, cet arbre est celui qui produit le mieux sur le sol des routes qui aboutissent à la capitale et dans les plantations intérieures de cette ville. Cependant les peupliers, l'acacia, le marronnier d'Inde, le platane, les érables y produisent aussi d'une manière assez satisfaisante.

Je ne vois de hêtre nulle part dans les avenues des environs de Paris; cependant quelques jeunes hêtres isolés, que j'ai remarqués dans quelques jardins de la Capitale, annoncent assez que cette espèce d'arbres pourrait y réussir.

Il serait à désirer qu'on variât les espèces, c'est-à-dire qu'on ne remplaçât point toujours l'orme par l'orme; car l'expérience nous a appris que, lorsqu'on cultive les mêmes espèces aux mêmes places, on n'obtient que des arbres languissans : en d'autres termes, nous dirons que les assolemens ou successions de culture sont indispensables au succès des plantations.

Quoique la structure de l'orme soit simple, c'est-à-dire que ses branches soient alternes et distiques, il n'est pas moins vrai de dire que cet arbre est le plus difficile à conduire. En effet, si l'on porte son attention sur une plantation d'ormes quand elle est dans sa jeunesse, on remarquera que les cinq sixièmes des tiges prennent une mauvaise direction, soit en devenant rameuses, soit en devenant fourchues ou bifurquées, obliques, genouillées; soit enfin en devenant courbées et pendantes, tandis qu'un sixième, seulement, prend une direction à peu près convenable. Quelque habile que soit l'élagueur, et quelque précaution qu'il prenne, il se trouve souvent en défaut; cependant, à force de soins, on parvient toujours à maîtriser l'indocilité de l'orme, et à former de belles avenues avec cet arbre.

Les différentes variétés qui se trouvent dans le plant d'orme offrent probablement les variations que l'on remarque dans la structure de cet arbre. On pourrait remédier à cet inconvénient en faisant choix, dans les pépinières, des arbres qui réunissent à peu près les mêmes caractères et en former la plantation d'une même variété d'arbre, soit avec l'orme mâle (qui est de première grandeur), pour les grandes routes, soit avec les autres pour les avenues où l'on désire moins d'élévation : par ce moyen, les arbres des routes seraient de même taille entre eux, et ceux des avenues le seraient aussi.

Pour obtenir de belles palissades avec l'orme, chose qui est facile, puisqu'il a les branches distiques, il faudrait, lors de la plantation, poser les arbres de manière à présenter les faces convenablement, c'est-à-dire le côté où les branches se développent dans l'alignement de la file des arbres.

Dans les routes et les avenues non conduites en palissades, et qui, par leur position, sont battues du vent, il faudrait que le côté de la tige où les branches se développent fût placé dans la direction du vent dominant : de cette manière, le vent ayant peu de prise, les tiges seraient moins exposées à prendre une direction oblique ou inclinée. Ces précautions paraîtront peut-être minutieuses ; mais elles sont plus importantes qu'on ne pense : elles sont si simples d'ailleurs qu'on ne devrait pas les négliger; et, quoiqu'elles regardent plutôt le planteur que l'élagueur, j'ai cru devoir en parler ici, puisque ce Manuel est également utile aux propriétaires.

L'orme étant l'arbre le plus difficile à conduire et le plus généralement employé à la plantation des routes et à la formation des avenues, essayons d'indiquer la manière de l'élaguer, afin de vaincre les obstacles qui s'opposent à cette partie de sa culture.

L'étêtement de l'orme, lors de la plantation, étant généralement pratiqué, nous avons donné, dans la seconde Partie de cet opuscule, les moyens de conduire cet arbre pour obtenir un jet sain et vigoureux, qui doit faire le prolongement du tronc : nous ne parlerons ici que des arbres non étêtés.

Supposons, comme nous l'avons déjà fait précédemment, qu'un orme qui été planté, il y a plus de quatre ans, avec ses rameaux dans un bon terrain, ait vingt pieds d'élévation, à partir de la terre jusqu'à son extrémité supérieure; qu'il soit chargé de vingt bourgeons latéraux, dont le plus bas ne soit qu'à huit pieds au dessus de la terre; que chaque bourgeon soit espacé, de chaque côté de la tige, à la distance d'un pied l'un de l'autre; que le jet terminal ou extrémité de la tige ait deux pieds d'étendue depuis le dernier bourgeon latéral jusqu'à son extrémité supérieure, il en résultera que cet orme aura huit pieds de tronc, dix pieds de tige branchue et deux pieds de jet terminal; ce qui formera un total de vingt pieds, pour l'élévation entière de l'arbre.

Ayant établi pour principe qu'un arbre doit être dirigé, pendant sa jeunesse, de manière que le tronc nu forme la moitié de sa hauteur et la tige branchue l'autre moitié, je dis qu'il faudra couper, à celui que nous donnons ici pour exemple, les deux branches les plus basses; alors le tronc nu et la tige branchue auront chacun dix pieds d'étendue.

Si, comme nous l'avons déjà dit, l'arbre est chargé de quarante bourgeons au lieu de vingt, on concevra facilement que cette quantité de bourgeons est trop considérable pour être alimentée par un jeune arbre, quelle que soit sa vigueur. Il faudrait donc, dans ce cas, en supprimer la majeure partie en en coupant çà et là où ils seraient les plus rapprochés, en ayant toujours soin de bien conserver l'équilibre de l'arbre, et la proportion entre le tronc et la tige branchue.

On opérera pour le reste comme nous l'avons dit en parlant du chêne.

Au surplus, lorsque, par négligence ou par un élagage mal entendu, un arbre est tellement difforme qu'on ne peut absolument pas trouver un jet propre à former le prolongement du tronc, il ne faut point balancer à l'étêter, quelle que soit sa grosseur.

On ne peut déterminer d'une manière précise quelle est la quantité de branches à supprimer ou à conserver à un arbre : sa vigueur et la qualité du terrain doivent en décider.

On traitera de la même manière les arbres que l'on aura étêtés, et qui, par suite de cette opération, auront produit sur le prolongement du tronc la quantité de branches (ou à peu près) que nous venons d'indiquer.

Du Marronnier d'Inde.

Le marronnier d'Inde est plus souvent employé en palissade qu'autrement dans les plantations; cependant il fait un très-bel effet en groupe ou isolé, car ses branches forment une belle tête. On lui fait prendre facilement toutes sortes de formes; néanmoins, quoiqu'il souffre la taille, les plaies qu'occasione la suppression des grosses branches se cicatrisent lentement, et la carie y fait des progrès rapides.

La forme des palissades est variée : quelquefois elle embrasse toute l'étendue de l'arbre, c'est-à-dire que les branches sont tondues depuis le bas de la tige branchue jusqu'à son extrémité supérieure; quelquefois elle ne s'étend que dans le bas de la tige branchue de l'arbre, en laissant intactes les branches du haut, de manière que celles-ci sont pendantes et forment une espèce d'allée couverte, quand les arbres sont plantés sur deux rangs assez rapprochés : cette dernière forme de palissade varie encore ; quelquefois encore les branches pendantes et les branches coupées en palissades forment entre elles un angle droit ; quelquefois aussi elles forment un angle obtus ; quelquefois enfin elles présentent une forme circulaire comme la voûte d'un berceau.

Ces différentes formes sont faciles à donner ; il suffit que les branches qui doivent former la palissade soient coupées à une plus ou moins grande distance du tronc, comme, par exemple, à dix, quinze ou vingt pouces. On doit les tondre ensuite chaque année avec le croissant.

Si on voulait laisser le marronnier d'Inde dans sa forme naturelle, il faudrait le conduire d'une manière analogue à celle que nous avons prescrite pour le chêne, et l'abandonner ensuite à lui-même lorsque sa tête serait formée, à moins qu'il n'eût une destination particulière, comme l'ornement des jardins, des parcs, etc.

Du Tilleul.

De tous les arbres qui forment des palissades dans les jardins, le tilleul est le plus généralement employé; et quoiqu'il ne produise bien que dans des terrains frais et humides, on le plante partout sans faire attention au sol ni aux situations qui lui conviennent : aussi voit-on qu'il n'offre qu'une misérable végétation dans la plupart des jardins où il est cultivé. Les cours entourées de bâtimens rapprochés et les places publiques sont de tous les lieux ceux qui lui conviennent le moins; et ce qui, dans cette situation, peut encore nuire le plus à sa croissance, c'est, sans contredit, le palissage qu'on lui fait subir, chaque année, pendant les chaleurs de la canicule.

L'extrémité des jets tendres est-elle si désagréable à la vue pour qu'on ne puisse la supporter ? Suivant moi, ces jets souples, qui se jouent au gré des vents, me paraissent préférables à une palissade ciselée, dont les feuilles, coupées la plupart par le milieu, présentent un aspect triste et désolant. D'ailleurs ne pourrait-on pas éviter cet inconvénient en faisant le palissage dans les mois de mars et d'avril ?

L'élagage du tilleul, comme celui du marronnier, est facile lorsqu'on le conduit en palissade et même lorsqu'on en fait des arbres de structure naturelle. Ce que j'ai dit de l'orme et du marronnier suffit pour la conduite du tilleul.

Du Robinier.

Le robinier, qu'on appelle aussi acacia, porte un feuillage d'un vert tendre de la plus grande beauté, qui conserve toujours sa fraîcheur et n'est jamais attaqué par les insectes ; avantages qui se rencontrent rarement dans les autres espèces d'arbres. Les fleurs du robinier répandent une odeur fort agréable, et sous ce rapport il mérite d'occuper une place dans les jardins. Malheureusement son port laisse à désirer, et ses branches sont sujettes à éclater. On peut éviter cet inconvénient par un élagage bien entendu.

Lorsque, par le développement de l'arbre, le jet terminal est remplacé par une bifurcation ou fourche, ce qui donne deux tiges au lieu d'une, il faut avoir soin, lorsqu'il est encore jeune d'en couper une à la moitié environ de sa longueur ; sans quoi, le tronc est exposé à éclater en deux depuis le haut jusque près de terre.

Lorsqu'il a atteint le degré d'élévation où l'on doit former sa tête, il faut faire choix de deux ou trois branches les plus rapprochées l'une de l'autre, afin d'obtenir une belle couronne. Ce choix doit porter, autant que possible, sur des branches érigées ou peu divergentes ; car si l'on prenait pour cet objet des branches étalées ou trop divergentes, l'arbre serait exposé à éclater de la tête au pied.

Comme cet arbre produit peu de nouvelles branches lorsqu'il a atteint un certain âge, on peut alors l'abandonner à lui-même.

Du Frêne.

La structure du frêne diffère de celle des arbres dont il a été parlé précédemment, en ce que ses branches étant opposées et croisées par paires, présentant autant d'angles droits, elles donnent à la tête de l'arbre une forme arrondie, qui offre un coup d'œil agréable. On doit regretter d'avoir si peu multiplié cet arbre, et de ne l'avoir pas employé à la plantation des routes; car sa tige est belle et n'est point rameuse; son feuillage est superbe, et son bois est très recherché par le haut service.

L'élagage du frêne est facile, puisque ses branches se développent toujours par paires opposées, et sont espacées par étages plus ou moins rapprochés, suivant la situation et la vigueur de l'arbre. Il suffit presque toujours de retrancher les branches les plus basses et un seul étage à la fois : souvent il est mieux de les couper à la moitié, environ de leur longueur, pour les retrancher rez tronc à l'élagage suivant ; ce qui présente alors des plaies moins grandes et par là plus faciles à cicatriser, ainsi que je l'ai déjà dit ailleurs.

On devra opérer pour le reste comme il est prescrit pour le chêne. Je rappellerai cependant ici qu'avant de raccourcir les branches il faut faire attention à l'équilibre de l'arbre, et raccourcir davantage la branche qui se trouve du côté de l'inclinaison de l'arbre, afin d'en diminuer d'autant plus le poids

De l'Érable.

L'érable est, comme le frêne, un arbre à branches opposées, et comme lui facile à élaguer : ainsi, ce que nous avons dit du frêne est applicable à l'élagage de l'érable.

On peut aussi, lorsqu'on veut le conduire en palissade, opérer de la manière que nous avons indiquée à l'article du marronnier d'Inde et à celui du tilleul.

En parlant, page 99, des arbres têtards, j'ai dit que l'érable plane serait utilement employé pour former des arbres de semblable structure, et qu'il produirait ainsi un beau bois noueux pour le placage. Pour cela, il suffirait de couper la tête de l'arbre à une certaine élévation et d'élaguer, tous les cinq ou six ans, les branches qui se développent sur le tronc.

Les bifurcations ou fourches étant avantageuses pour obtenir une variété de figures dans le placage, il est mieux de couper les branches érigées à quinze ou vingt pouces au dessus de leur insertion au tronc, et d'élaguer tous les cinq ou six ans les jets que des moignons produisent.

Du Pin.

Le pin est un arbre à branches verticillées au nombre de trois, quatre, cinq, plus ou moins, autour de la tige, et espacées par étages à des distances plus ou moins rapprochées.

Plusieurs botanistes prétendent qu'il ne faut point élaguer les arbres verts; cependant Duhamel a dit que le retranchement des menues branches ne fait tort à aucune espèce d'arbres, orme, chêne, pin, frêne, châtaignier, etc. Miller, en parlant de l'élagage, s'exprime ainsi : «Il faut, dit-il, élaguer les pins de deux ans en deux ans.»

Tout en respectant les décisions de ce savant, je ne partage point son opinion à cet égard, car les arbres verts n'ont pas besoin d'un élagage si souvent répété : je dirai même qu'il faut élaguer peu et rarement les arbres verts; j'ajouterai en outre qu'il faut reconnaître beaucoup de discernement dans l'ouvrier avant de le charger de l'élagage de ces sortes d'arbres; car pour peu que l'on s'écarte des principes (principes qu'il n'est pas facile d'établir), on arrête aussitôt leur croissance. Si j'étais propriétaire de semis d'arbres verts, je préférerais les abandonner à eux-mêmes que de les confier à des élagueurs insoucians, quoique instruits dans la partie, tant cette opération me paraît délicate !

Cependant il est des espèces ou variétés de pins auxquelles l'élagage est favorable, mais ce n'est jamais que lorsqu'elles sont en masse et dans les premières années de leur culture : c'est plutôt, alors, pour favoriser l'introduction de l'air dans ces massifs trop serrés, que pour favoriser la croissance de l'arbre, qu'on doit retrancher un ou deux étages de branches; néanmoins, il faut remarquer que l'introduction de l'air dans les semis de pins, comme partout ailleurs, agit efficacement pour favoriser la croissance des végétaux.

L'éclaircie des semis en massif est aussi une chose importante. Je dirai ici un mot de l'éclaircie et de l'élagage d'une partie de pins que j'ai dirigés au bois de Boulogne près Paris.

En octobre 1824, M. d'André, intendant des domaines du Roi, me chargea de faire éclaircir et élaguer les pins qui sont derrière la Muette au Parc royal de Boulogne.

Ces arbres, semés en rayons, à deux pieds de distance l'un de l'autre, étaient tellement rapprochés les uns des autres dans l'alignement des rayons, qu'ils se touchaient presque en certains endroits. Je dis en certains endroits, parce que le semis, quoique peu étendu, était très varié sous le rapport de l'espacement du plant, et sous le rapport de la vigueur et de la force des arbres. Ici, les pins étaient très rapprochés, effilés et élevés; là, ils étaient espacés à une plus grande distance, étaient moins effilés et moins élevés; en général ils étaient vigoureux.

M. d'André, qui n'était point partisan de l'élagage, même de l'élagage des arbres (autres que les arbres verts), parce qu'il n'avait vu jusqu'alors que des élagages mal entendus et mal exécutés(1), ne me permit point d'opérer, à ma volonté, pour l'élagage et l'éclaircie de ces pins, de manière que l'éclaircie ne fut pas complète, c'est-à-dire qu'on ne retrancha point assez d'arbres.

Je me bornai en certains endroits à la suppression d'un étage de branches;

---

(1) M. d'André reconnut, depuis lors, le mérite de ma méthode d'élagage, et m'en témoigna sa satisfaction par écrit.

dans d'autres, j'en supprimai deux étages; dans d'autres enfin je ne fis rien couper. Comme ces arbres méritaient une attention particulière, je travaillai avec les élagueurs, et M. d'André visitait tous les jours le travail.

Ces arbres sont aujourd'hui, octobre 1828, dans un état de vigueur très satisfaisant; mais il faudrait les éclaircir et les élaguer de nouveau.

Pendant l'opération, M. Delamarre (1), propriétaire dans le Maine, agronome et observateur distingué, vint plusieurs fois nous visiter, et nous assura que cet élagage était indispensable, qu'il en avait reconnu les avantages dans ses propriétés.

Si l'élagage dont je viens de parler

---

(1) Auteur du *Traité de la culture des pins*, 2 vol. in-8°. Paris, chez madame Huzard. Prix, 12 fr. et 15 fr. franc de port.

a produit un effet aussi satisfaisant sur des arbres en masse, j'ai remarqué qu'il n'en est pas ainsi sur des arbres isolés; car, soit que le tronc ait besoin de toutes ses branches pour le garantir de l'ardeur trop violente du soleil, soit qu'il en ait besoin pour absorber la sève, on arrête la croissance d'un pin quand on lui coupe beaucoup de branches. Je dirai même que peu de branches coupées mal à propos lui font un tort considérable; mais le pourquoi je l'ignore.

Je ne crois pas que le tort qu'on fait à un arbre résineux en lui coupant des branches soit occasioné par la déperdition de la sève, puisqu'il est reconnu que les arbres que l'on saigne pour avoir de la résine n'en souffrent pas, et que leur bois n'en est point altéré. Ce que je viens de dire ici semble confirmer ce que j'ai dit, page 29 de la première partie de ce Manuel, qu'un arbre souffre moins en manquant de sève que lorsqu'elle est trop abondante.

Il est bon de remarquer que les arbres résineux ne reproduisent pas des jets comme les autres arbres quand on leur supprime des branches; et comme par là ils ne peuvent rétablir l'équilibre entre la partie qui alimente et la partie qui absorbe, il est possible qu'ils souffrent de la suppression des branches, tandis que les autres arbres ne souffrent pas.

Quoi qu'il en soit, il faut couper le moins de branches possible aux arbres résineux isolés. D'ailleurs, comme ils servent souvent dans les jardins à produire des effets que le bou goût réclame, on ne doit pas détruire ces effets par des élagages exécutés mal à propos.

Ce que j'ai dit ici relativement au pin est applicable au sapin, au mélèse, au cèdre, etc.

De la Taille ou Élagage des arbres dans les pépinières.

Quoique la taille des arbres dans les pépinières concerne les ouvriers pépiniéristes plutôt que les élagueurs, il peut arriver que des propriétaires qui ont de petites pépinières chargent les élagueurs de cette opération : ainsi quelques éclaircissemens à ce sujet doivent naturellement trouver ici leur place.

Les arbres qui proviennent de graines n'ont pas besoin d'être élagués dans les premières années de leur culture, parce qu'ils sont souvent assez rapprochés les uns des autres pour s'élancer convenablement jusqu'au moment où on les transplante dans les pépinières par rangées, à des distances plus ou moins grandes. Ce n'est donc qu'après cette première transplantation que la taille devient nécessaire.

Une fois transplantés, les arbres produisent, chaque année, plusieurs jets latéraux, alternes ou opposés, suivant les espèces, et un jet vertical, qui est la continuation de la tige. Quelquefois ils produisent deux jets verticaux d'égale longueur et d'égale force, de manière que l'arbre est bifurqué; quelquefois même une branche latérale gourmande prend une direction verticale, et surpasse en force le jet principal. C'est alors qu'il faut pratiquer l'élagage, afin de former des arbres d'une seule tige sans bifurcation.

Dans le premier cas, il faut couper une des deux branches verticales à la longueur de huit ou douze pouces, et laisser celle qui est la mieux placée, pour servir de prolongement au tronc. Si la branche conservée forme ce qu'on appelle un jarret, il faut la redresser en l'attachant avec une hart au chicot de huit ou douze pouces de la branche retranchée.

Dans le second cas, il faut quelquefois retrancher la branche gourmande pour laisser le jet vertical, quelquefois supprimer celui-ci pour laisser la branche gourmande, qui deviendra alors le jet vertical. Le choix à faire du jet à conserver est laissé à l'intelligence de l'ouvrier, qui doit prendre en considération la vigueur, la force et la direction de ces jets.

L'élagage des jets latéraux a pour objet d'empêcher les arbres de devenir rameux de leur base à leur extrémité supérieure, et de favoriser le développement de la tige ou jet vertical.

Mais pour que cet élagage produise l'effet désiré sans nuire à la croissance des arbres, il faut qu'il soit exécuté d'une manière convenable; c'est-à-dire qu'il faut retrancher une partie des branches tout près du tronc, et en couper une partie à la longueur de six à huit pouces. La quantité de branches à retrancher et à raccourcir ne peut être déterminée, la vigueur de l'arbre, son élévation, la grosseur proportionnée qu'il a de sa base à sa sommité doivent en décider. Il faut conserver plus de branches aux arbres vigoureux qu'aux arbres faibles. Aux arbres trop effilés, il faut conserver les branches les plus basses, afin de favoriser le développement de leur base. Enfin les branches à conserver devront être espacées alternativement de la base au sommet d'une manière à peu près régulière. Cette opération sera répétée, chaque année, jusqu'à ce que l'arbre soit devenu assez fort pour être transplanté dans les avenues, les routes, les quinconces, les forêts, etc.

Quant aux arbres qui proviennent de boutures, de marcottes, de drageons, etc., il faut opérer à peu près comme nous venons de le dire. J'observerai cependant que les peupliers blancs de Hollande, que l'on multiplie généralement par des drageons, et qu'on plante par rangées dans les pépinières après les avoir arrachés dans les prairies et les forêts, ont besoin d'être récepés au pied un an après leur transplantation. Ce moyen est le plus sûr pour obtenir de beau plant. Les peupliers d'Italie n'ont pas besoin d'être élagués pendant qu'ils sont dans les pépinières.

Observations.

Il est bon que les arbres soient conduits par les mêmes élagueurs, car ceux-ci sont plus à même de connaître la manière de les traiter, étant à portée de remarquer les effets des tailles précédentes. Si on ne pouvait conserver les mêmes ouvriers, il conviendrait que ce fût le même directeur ou le même surveillant qui les dirigeât, pourvu, toutefois, qu'il entendît bien cette opération, afin qu'il pût l'ordonner convenablement.

On reconnaîtra facilement cette nécessité, car il en est des végétaux comme des animaux : si un médecin connaît mieux un malade pour l'avoir traité depuis long-temps, un jardinier connaîtra mieux aussi l'arbre dont il a soigné la culture depuis un certain nombre d'années.

Nous ne pouvons assez recommander aux propriétaires de ne jamais porter la cupidité jusqu'à chercher à obtenir, par l'élagage, une quantité de bois considérable, mais bien de s'attacher à favoriser la croissance des arbres.

Avec les soins et les précautions que nous indiquons dans cet ouvrage, on obtiendra presque toujours des arbres d'une belle structure, des troncs d'une belle conformation, également propres à former des avenues, des allées, des contre-allées, et à figurer isolément, ou en groupes dans les jardins paysagers; on obtiendra enfin une meilleure qualité de bois de service lorsque le temps sera arrivé pour l'exploitation de ces végétaux.

Propriétaires, qui que vous soyez, réfléchissez long-temps avant de porter le fer au pied d'un arbre. Sachez que ce géant du règne végétal, qui n'a point encore atteint son maximum de croissance, rapporte au centuple dans un âge avancé, comparé avec de jeunes arbres du même genre. On peut bâtir, en peu de temps, une habitation commode et agréable au milieu d'un domaine; mais pour obtenir un arbre il faut des années, des siècles même.

FIN.

TABLE DES MATIÈRES.

Avertissement..........................Page	5
Introduction...............................	9
PREMIÈRE PARTIE. Des Arbres, de leur structure naturelle et artificielle, de la nature des terrains, du but de l'élagage et de quelques règles générales sur cet art...................	33
De la structure naturelle des Arbres............	36
— Les Racines............................	37
— Les Branches..........................	Ib.
— Le Tronc..............................	Ib.
— Branches quant à leur direction...........	38
— Branches quant à leur insertion...........	39
— Division de la hauteur de l'Arbre..........	40
De la nature du terrain.......................	41
De la structure artificielle des Arbres...........	50
Du but de l'Élagage en général................	53
Du but de l'Élagage dans les grands bois et les taillis...................................	55
De quelques règles générales applicables à l'Élagage.....................................	56
Des différentes époques de l'année auxquelles il faut élaguer les arbres.......................	80
Des Observations qu'un Élagueur doit faire aux Propriétaires avant de procéder à l'Élagage.....	82
De la Serpe, et de la manière dont l'Élagueur doit la porter et s'en servir.......................	83

De la Houlette..Page 86
Des Précautions que l'Élagueur doit prendre pour
 éviter de tomber de l'arbre................... 88

DEUXIÈME PARTIE. De l'Élagage des Arbres
 que l'on a étêtés, soit en les plantant, soit après
 la plantation.. 89

TROISIÈME PARTIE. De l'Élagage particulier
 des différentes espèces d'Arbres............... 106
De l'Aune.. 207
Du Charme.. Ib.
Du Châtaignier....................................... 110
Du Chêne.. 111
Du Hêtre... 120
Du Peuplier d'Italie................................. 122
Du Peuplier noir..................................... 124
Du Platane.. 126
De l'Orme... Ib.
Du Marronnier d'Inde.............................. 134
Du Tilleul... 136
Du Robinier... 138
Du Frêne.. 140
De l'Érable.. 141
Du Pin... 143
De la Taille ou Élagage des Arbres dans les pépi-
 nières... 150
Observations... 154

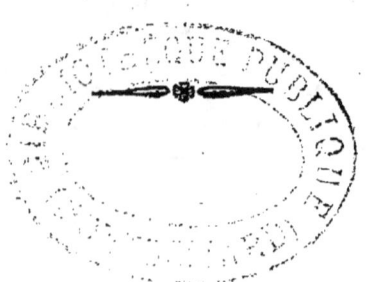

ERRATA.

Page 97, ligne 1, *le*, LISEZ *la*.

Page 108, ligne 22, *forfier*, LISEZ *fortifier*.

Page 131, ligne 5, *qui été*, LISEZ *qui a été*.

Page 143, ligne 1, *des moignons*, LISEZ *les moignons*.

Page 148, ligne 22, *page 29*, LISEZ *page 59*.

www.ingramcontent.com/pod-product-compliance
Lightning Source LLC
Chambersburg PA
CBHW071544220526
45469CB00003B/909